世界养猪业经典专著大系

猪场产房生产管理实践 I：
分娩期管理

[西]埃米利奥·马格隆·博特亚（Emilio Magallón Botaya）
艾伯托·加西亚·弗洛里斯（Alberto García Flores） 等著
罗伯托·鲍蒂斯塔·莫雷诺（Roberto Bautista Moreno）

曲向阳　张 佳　蒋腾飞　主译

中国农业出版社
北 京

致 Emilio Magallón Salvo、兽医同行、兽医先辈们

To Emilio Magallón Salvo, veterinary surgeon, and father and grandfather of veterinary surgeons

译者名单

主译　曲向阳　张　佳　蒋腾飞

译者　曲向阳　张　佳　蒋腾飞　赵康宁　经　璐

　　　高　岩　洪浩舟　曾新斌　周明明　张文火

　　　高　地　黄守婷　张　欣　马　琪

原著作者

Emilio Magallón Botaya

Emilio Magallón Botaya 于 1978 年毕业于西班牙萨拉戈萨大学兽医学专业，专攻动物生产和农业经济学。

他作为大型动物兽医开始职业生涯后，于 1981 年进入养猪行业。最初是一名技术员，之后成为团队负责人，后来在西班牙一家有名的养猪企业中担任生产经理。

他在萨拉戈萨大学兽医学院被评为副教授，还为由萨拉戈萨大学、莱里达大学、巴塞罗那大学和马德里大学联合培养的动物生产与健康方向的研究生讲授养猪业经济分析的课程。

他参与了一些养猪业相关的研究项目，目前正与西班牙农业研发技术研究所的动物生产中心合作，共同负责一个由西班牙工业技术发展中心资助的猪遗传改良项目。

他发表了大量与养猪相关的文章，参加了很多研讨会。

他是西班牙科学养猪生产协会（Anaporc）会员，是阿拉贡猪兽医从业者协会（AVPA）的创始人之一，目前是其理事会成员。

Alberto García Flores

Alberto García Flores 于 2000 年毕业于西班牙萨拉戈萨大学兽医学专业，专攻动物医学和健康。

完成学业后，他继续学习猪生产方面的专业课程，以一名兽医开始了职业生涯，负责动物传染病的防控。

十多年前，他在一家跨国生猪生产公司担任兽医，主管生产、营养、诊断和疾病治疗，并从事与猪场技术和经营管理相关的工作。他参与了养猪生产研究计划的规划和实施。

他发表了一些与养猪相关的文章和若干研究成果。此外，他还参加了很多行业会议。

他是阿拉贡执业兽医协会的会员。

Roberto Bautista Moreno

Roberto Bautista Moreno 于 1990 年毕业于西班牙萨拉戈萨大学兽医学专业，专攻动物医学和健康。

刚开始他在不同的畜牧公司从事绵羊健康管理和生产工作。之后他担任了一家制药公司的销售代表。

1997年起，他一直在畜牧生产公司工作，最初是在西班牙阿拉贡和纳瓦尔地区一家公司的肉牛事业部作执业兽医，后来在印加食品有限公司担任养猪事业部的兽医，负责公司母猪场和育肥猪场的管理和运营工作超过15年之久。

他是阿拉贡猪兽医从业者协会的会员，目前是其理事会成员。

Boris Alonso Sánchez

Boris Alonso Sánchez 于1998年毕业于西班牙萨拉戈萨大学兽医学专业，专攻动物生产和农业经济学。

1999年，他开始了职业生涯，担任多家公司的技术服务人员和销售代表。2001—2007年，他负责母猪场和育肥猪场的管理工作；2007年起，他一直在阿拉贡的印加食品有限公司兽医技术服务部门工作。

他参加过很多猪生产相关研讨会和培训课程。

José Ignacio Cano Latorre

José Ignacio Cano Latorre 于1990年毕业于西班牙萨拉戈萨大学兽医学专业，专攻动物生产和农业经济学。他持有西班牙劳工部批准的公司管理的官方证书（1989—1990）。1991年，他在法国巴黎参加了INRA组织的家畜营养学高级课程。

1992年起，他一直在动物饲料行业的一家领头企业担任兽医，主要提供养猪技术服务，并在该公司的农场实施人工授精计划。他专门从事母猪场、育肥猪场和保育猪场的管理工作。2008年起，他一直担任该公司的技术服务经理，并与公司的研发中心合作。

他已与多家刊物合作，多次参加西班牙国内和国际的研讨会。

Silvia Almenara Díaz

Silvia Almenara Díaz 于2006年毕业于西班牙萨拉戈萨大学兽医学专业，专攻动物生产和农业经济学。

她的养猪生产与健康硕士学位（由萨拉戈萨大学、巴塞罗那大学兽医学院和莱里达大学合作组织）获得了阿拉贡猪兽医从业者协会颁发的证书。

她曾在养猪行业的多家公司实习，2008年以来，她一直在萨拉戈萨地区一家动物生产公司工作。

她参加了养猪生产与健康的各种会议和培训课程。

Patricia Prieto Martínez

Patricia Prieto Martínez 于2006年毕业于西班牙萨拉戈萨大学兽医学专业，专攻动物生产和农业经济学。

她在里斯本大学和哥斯达黎加大学兽医学院完成了不同动物生产的实践培训课程。2007年，她获得了萨拉戈萨大学、莱里达大学和巴塞罗那大学联合培养的动物生产与健康的硕士学位。

2008年开始，她在一家有名的养猪公司负责多个母猪场和育肥猪场的技术服务工作。

她参与了很多关于养猪生产的会议和培训课程。

Pablo Magallón Verde

Pablo Magallón Verde 于2012年毕业于西班牙萨拉戈萨大学兽医学专业。

他曾在印加食品有限公司养猪事业部实习，并参加了美国艾奥瓦州立大学猪产科学以及兽医诊断与动物产科学的培训课程。

他目前攻读由萨拉戈萨大学、莱里达大学、巴塞罗那大学和马德里大学联合培养的养猪生产与健康的硕士学位。

2013年以来，他一直在西班牙一家有名的畜牧公司工作。

序

人与人之间的知识传播是人类重要且崇高的活动之一。20世纪以来，人类社会所经历的重大进步在很大程度上可以解释为技术和创新在人之间和世代之间的传递。这并不是一件容易的事。实际上，这是很困难的，重要的是，传播新概念的语言能让受众获得信息。在撰写本书的过程中，作者克服了语言困难。养猪生产是一项科学的工作，面对的是从事该领域工作的不同专业人士，因此，作者在撰写本书时采用简洁明了、通俗易懂的方式。本书主要总结概述了作者们在猪场产房管理实践中常见问题的解决方法，这些方法简单有效、科学实用。本书的目的是提供现代猪场产房管理的新技术、新方法，为猪场饲养员、技术人员、兽医、农场主提供参考。

从遗传改良、生产质量和效率、管理技术、设施和健康等方面看，养猪业在过去的几年中经历了一场真正的革命，并且已经成为一个领先的行业。养猪行业中的竞争日趋激烈，要求公司及其专业人员在生产过程中进行持续创新，以提高效率。本书重点关注母猪分娩产仔相关的工作，如分娩及影响这一过程的所有因素。另外，在《猪场产房生产管理实践Ⅱ：哺乳期管理》一书中，作者将详细介绍母猪生产后在哺乳期的管理实践。

最后，我谨向所有参与撰写本书的作者，特别是向Emilio Magallón表示最诚挚的感谢，并祝贺本书顺利出版。

Dr. José Luis Noguera

BDporc 总裁

IRTA（食品和农业研究中心，农业食品技术研究所）

前 言

在兴奋而紧张的养猪日常工作中，我们发现大多数时候，很多畜牧专业中养殖场运营管理的知识没有被应用，或者这些知识远远超过了我们在日常中所能看到的。此外，也很难将这些信息以清晰简单的方式传递给养猪者。因此，我们决定撰写一本关于分娩期管理的书，这本书包括所有与此主题相关的内容，以期帮助养猪者获得必要的知识，并对养猪业的所有专业人员有用。

本书的读者对象非常广泛，从兽医从业人员到兽医专业的学生，对于那些专门在产房从事管理和工作的主管和人员也很有用。当然，也适用于所有想快速直接了解猪场最新产房管理技术的兽医或动物生产专业的人员。

我们相信这本书是很有用的，因为它收集了分娩期的所有知识以及现代母猪场管理的新方法。本书严谨又科学，同时阅读起来也很容易让读者理解，这就是为什么我们决定在书里使用大量图片、表格和总结的原因。

此外，我们的作者是专门从事养猪业的兽医，并且熟悉母猪场的日常工作。根据经验，我们知道知识传播的方式非常重要，因此，本书使用通俗易读、简洁明了的语言来阐述学术化内容，使其更易于被读者掌握。

希望能够实现我们的初衷。

Emilio Magallón Botaya

致　谢

感谢所有的家人们，感谢他们对我们的支持，并且让我们有更多时间来撰写本书。

感谢养猪的人们，感谢他们的辛勤劳动和奉献精神，感谢他们每天提出工作中常见的问题，我们试图在本书中回答这些问题。

感谢那些帮助我们撰写本书并修改和提供答案的兽医和专业人士，尤其是José Luis Noguera和Luis Laborda。

感谢Asis集团出版本书，特别感谢出版团队的辛勤付出和敬业精神，感谢他们的技术支持及对我们的信任。

目　录

4 围产期母猪的饲喂管理   77

5 分娩中的母猪和仔猪管理   93

引言

　　在过去的几年中，养猪业发生了很大的变化，尤其是母猪场：猪场平均规模不断增加、引进了新的更高产的品系、从业人员的素质大大提高、饲喂方式发生改变、设施更好等。所有这些变化极大地提高了全球范围内母猪场的生产力。

　　最好的猪场现在每头生产母猪每年生产断奶仔猪超过30头，有些甚至超过了33头。丹麦是母猪生产力最高的国家，有些猪场每头生产母猪每年生产断奶仔猪达到了38头。但不要误解：在全球范围内，每头母猪的生产力仍然很低。仍有许多母猪生产效率低下的国家和生产体系，如果他们想继续留在竞争激烈的养猪市场，就需要进行深刻的变革，并实现母猪生产力的大幅提高。

　　母猪生产力的大幅提高要求在所有生产阶段应用新的饲养和管理方法，特别是产房。母猪会产下更多的仔猪，但出生重更轻，因此，有必要帮助它们生存下来。这涉及饲喂程序、设备设施、母猪和仔猪管理、人事管理等各方面的变化。

　　本书旨在提供有关母猪场饲养管理方面的最新信息，重点介绍分娩管理，以帮助和培训产房的员工。

　　本书从有关分娩的技术和生理方面入手，并回顾了不同类型的设施设备、产房的组织和批次分娩管理、围产期母猪和仔猪的饲喂管理、分娩单元的管理以及围产期母猪和仔猪的主要疾病管理。最后，对猪场的一些工作组织等进行了整理总结。

需要记住的是，本书重点介绍分娩期管理，哺乳期管理将在下一本书中讨论。

此外，本书采用了实用、易懂和简洁的方法，因章节有限所以母猪场内体况监控、人员管理和健康管理等一些问题将在《猪场产房管理实践Ⅱ：哺乳期管理》中讨论解决。

1 关于分娩的技术和生理因素

1.1 围产母猪的自然行为

1.1.1 动物行为与生产力

在产房，主要目标是使每头母猪每年能尽可能提供最大数目的断奶仔猪并获得较大的断奶仔猪重。产房生产力主要取决于母猪的繁殖力和仔猪的死亡率。虽然繁殖力并不是动物行为性状，但仔猪的死亡率在很大程度上取决于母猪和仔猪的行为。

动物的行为对猪场的生产有着非常重要的影响。

断奶仔猪的体重取决于其生长速度，而仔猪的生长速度又取决于母猪的产奶量。影响母猪产奶量的主要因素是采食量，这是属于行为学方面的。为了获得较多的产奶量，在泌乳期必须防止母猪体重减轻，因为这可能会对母猪下一周期的生产力产生负面影响。

1.1.2 筑巢行为

在筑巢行为方面，家养母猪与野生母猪的表现是非常相似的。在自然条件下，分娩前15～24h，母猪会探索可能的筑巢区域并选定一个位置。一旦选定了这个位置，母猪会用头部挖1个大约10cm深的圆形或椭圆形的洞，并用青草、稻草或树枝覆盖它。在集约化饲养中，母猪没有机会继续它们的筑巢行为，即便人类已为它们提供了巢穴，但它们仍然会展现一系列类似于筑巢的动作。这表明筑巢是母猪的本能。

为母猪提供材料来筑巢可以缩短产程时间并减少死胎的比例。

建议为母猪提供用于筑巢的材料，如刨花或碎纸。这个简单的行为将使母猪产程变得更短，并能够减少集约化饲养时的死胎比例。

1.1.3 食胎盘行为

许多哺乳动物的雌性在分娩后都会吃自己的胎盘，这被称为食胎盘行为，母猪也有这种行为。在自然和散养条件下，母猪通常会食用胎盘。然而，由于产床的使用，集约化生产中很难或不可能发生这种行为。

食胎盘行为的确切作用尚未知。目前有几种假设，最主流的认为这是一种隐藏气味躲避天敌的手段。这个假设很难被证明，并且饱受其他学者争议。另一个假设是胎盘中富含促进泌乳的营养物质和激素。甚至有人认为它具有镇痛作用，因为母猪在分娩后恢复了对疼痛的正常敏感性，这种敏感性在妊娠末期和分娩时由于镇痛类性激素的分泌而降低。

1.1.4 分娩

新生仔猪站起来后，会试图寻找母亲的乳头吮吸初乳。仔猪们似乎更倾向于顺着母猪毛发的生长方向寻觅，这有助于指导那些错误地朝母猪背部移动的个体寻找方向。

母猪是分娩后不舔舐其后代的少数家畜之一。在其他物种中，这种行为可以干燥新生仔猪以降低体温过低的影响，并有利于初乳摄入。

在野外，母猪在傍晚和夜晚分娩的概率比一天中的其他时间更高，这似乎与自然光照有关。

1.2 妊娠后期的生理学

1.2.1 胚胎发育

从妊娠第 11 天开始，胚胎开始附着并植入母猪的子宫壁。在第 18 天，胎盘开始充分发挥功能。

胚胎生长发生在妊娠晚期：第 28 天，胎猪体重为 1.5 ～ 10g；第 50 天，体重 50g；第 70 天，体重 200g；第 90 天，体重 600g，而出生时，体重 1 400 ～ 1 500g。从第 90 天起直到分娩，乳房开始快速发育，并且胎儿生长也更加明显（图 1.1）。

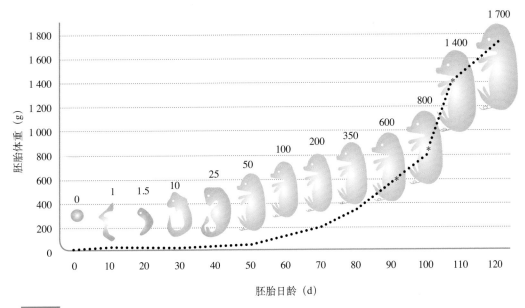

图 1.1　胚胎生长曲线

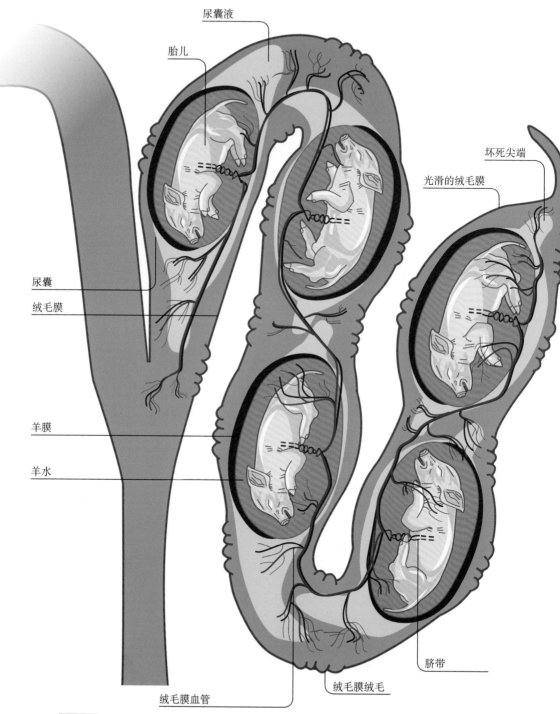

尿囊液

胎儿

坏死尖端

光滑的绒毛膜

尿囊

绒毛膜

羊膜

羊水

绒毛膜血管

绒毛膜绒毛

脐带

图1.2 母猪妊娠子宫示意图：胎儿及其膜

　　在妊娠期结束时，母猪体重总共会增加23～24kg，其中16～18kg的增加来自仔猪体重增加，2.5kg来自胎衣，2kg来自积聚的体液。此外，母猪的子宫重量会增加1～4kg。由于母猪的子宫容量有限，因此，产仔数较多的窝仔猪个体一般较小，反之亦然（图1.2）。

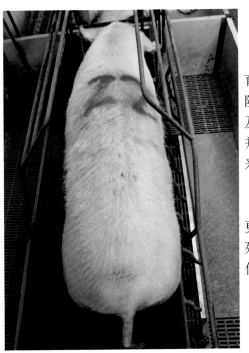

1.2.2　妊娠晚期母猪的饲喂需求

　　在妊娠的最后阶段，为应对胎儿发育，母猪的能量和蛋白质需求量会比其他阶段更大。但应注意避免体重增加过度以及不必要的肥胖，这会导致肢蹄病和分娩并发症的增加，并导致哺乳期自发地减少采食量。

　　即将分娩的、体重增加过度的母猪，更倾向于出现产程延长、分娩困难更大、死胎率很高等问题。此外，产奶量也较低。分娩时母猪也不应太瘦（图1.3）。

图1.3　分娩时母猪的最佳体况

1.3 围产期的生理学

1.3.1 妊娠持续时间

母猪妊娠期持续114 ~ 116d，最长范围为110 ~ 120d。后备母猪的妊娠期通常会比经产母猪多1d（图1.4）。

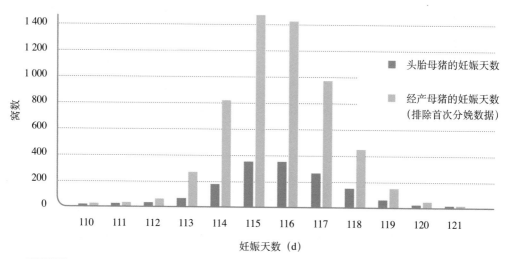

图1.4 某猪场高产的头胎母猪和经产母猪不同妊娠期的窝数分布

现代高繁殖力的品系倾向于具有更长的妊娠期，而伊比利亚猪则相反，它们的繁殖性能较低，平均妊娠期为112 ~ 113d。妊娠期的长短也会随猪场、环境、窝产仔数和季节的不同而略有变化。

1.3.2 临产特征

分娩前，可以观察到母猪身上具有非常典型的行为和信号：

· 分娩前10 ~ 14d，乳房和乳头变大，同时乳房静脉也变得更加明显。随着分娩时间越来越近，乳房变得更充盈、更红，按摩时有初乳滴出（图1.5）。

· 最早在分娩前3d，母猪可能已经有初乳，并且可能会看到乳滴从乳头中溢出。如果按压乳房则有乳汁喷出，这表明母猪将在接下来的24h内进行分娩。

· 可观察到外阴肿胀（图1.6）。其结果是外阴组织结构弱化，而该区域将变得更易受到伤害和形成伤口。

图 1.5　分娩前几小时观察到的乳房肿胀

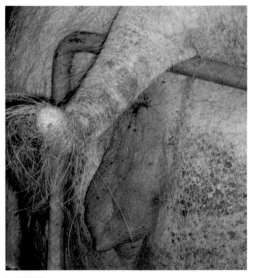

图 1.6　分娩前几小时观察到的外阴肿胀

· 多达60%的母猪可观察到血液、胎粪等分泌物。

· 呼吸频率增加。在正常情况下，母猪的呼吸频率是20～25次/min。分娩前6h，呼吸频率增加到60～80次/min，分娩前2h恢复正常呼吸频率。

· 可观察到尾巴运动的变化。开始，母猪尾巴呈圆圈运动，而在分娩开始前2h左右会保持竖直上翘。

· 频繁饮水和排尿，但食欲不振。

· 烦躁不安，频繁站立又躺下。用头部和腿拱踢水槽。

· 侧躺，并用脸部摩擦地面。

· 试图挤到料槽或限位栏底部，啃咬限位栏栏杆。

· 母猪表现出筑巢行为，抓刨地面和料槽。

· 母猪开始收缩腹部，将后腿收到腹部下。有时母猪也会伸展双腿，呼吸急促。

· 一般分娩前3h，母猪腹部收缩变得更加明显。

· 如果母猪即将分娩，一般不会注意产床前人的经过。

1.3.3 分娩时激素的作用机制

分娩是母猪生产的关键步骤之一。这对母猪应激很大，并且存在仔猪感染细菌的风险。此外，这也是仔猪未来生长发育的关键。

母猪分娩前 2 周孕酮水平下降，分娩前 1～2d 雌激素和皮质激素水平的升高是母猪经历的最重要的激素变化。雌激素的功能是促进子宫的收缩。

在分娩时，黄体会大量释放松弛素，与子宫内的雌激素一起作用，诱导子宫颈的胶原蛋白重塑。这一过程能够使子宫颈放松并有利于仔猪娩出。

分娩始于仔猪垂体分泌促肾上腺皮质激素（ACTH）。胎儿的皮质激素诱导母体前列腺素的释放，而前列腺素可以溶解黄体及触发分娩的其他后续机制。分娩前约 24h，孕酮水平降低，而促进平滑肌纤维收缩和娩出仔猪的催产素水平提高（图 1.7）。

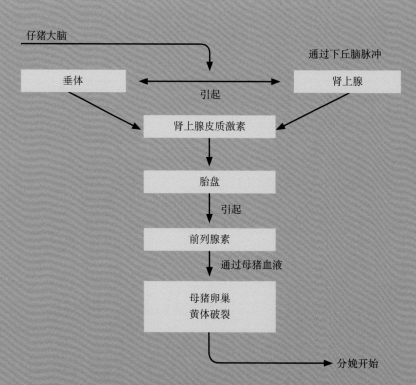

图1.7　分娩开始的生理机制（引自 Muirhead and Alexander. Managing Pig Health and the Treatment of Disease. 5M Enterprises, UK, 1997）

1.3.4 分娩时体温的变化

分娩前约10h，母猪体温会上升约0.5℃。在分娩期间，母猪的直肠温度也很高，尽管不同母猪间差异十分显著。这种温度差异似乎与产程、产仔数以及分娩的难易程度有关。

刚出生的仔猪体温为39℃，但在出生后3h内通常会降至37℃。这种下降可能是由几种原因造成的，其中包括仔猪体表羊水的蒸发，从而引起体温下降。另一个原因是仔猪出生时仅有一层薄薄的皮肤和皮下脂肪，毛发稀少且在体内没有糖原储备。这意味着仔猪几乎没有能力抵御体温降低，这也是导致围产期死亡的主要原因之一。

仔猪会缓慢恢复至出生温度39℃。出生24h后体温达到38℃，48h后达到39℃，这很大程度上取决于环境条件、管理方法和初乳摄入量。在出生的最初几个小时，即使它靠近同窝的其他仔猪，也无法避免因辐射造成的热量损失。

1.3.5 胎儿的娩出机制

在分娩的第一阶段，母猪的生殖系统会发生一系列形态变化，如会阴和外阴的韧带及组织会变得松弛。然后子宫颈开始扩张，松弛素引起子宫颈扩张，从而减少分娩所需的时间，这有利于活仔的出生。由于胎儿的通过而引起的阴道扩张发生在分娩的最后阶段。随着胎儿和胎盘排出体外，子宫停止收缩。

出生后，仔猪开始呼吸，脐带断开，它们就成为独立的个体。一出生，它们就会试图用4只脚站立起来，蹒跚而行，并慢慢地迈出更坚实的步伐（图1.8和图1.9）。

1.3.6 产程

产程是决定其分娩难度的一个因素。虽然在大多数情况下，分娩持续2～5h，但应该强调的是，这个参数根据母猪的种类（品种、年龄、体重、产仔数等）不同而变化很大。事实上，虽然有些母猪能在不到1h内娩出所有仔猪，但有些母猪的分娩时间却超过了9h。一般分娩持续的平均时间是少于4h的。

　　大约80%的仔猪在分娩的前3h内出生。2头仔猪的平均分娩间隔时间为15min；几乎所有仔猪都在上一头仔猪出生后1h内出生。

　　然而，有6%的仔猪1h以后才能娩出，如果我们认为平均分娩时间是4h，这是一段很长的时间。人工干预（手动助产或药理手段）可能有时会引起分娩的延迟或中断，大部分时候都会产生负面影响，导致分娩时间更长，死胎数量更多。

　　分娩的环境会影响仔猪的存活率，死胎的比率会随着分娩难度的增加而增加。产程延长可能会导致仔猪缺氧，而手动助产有时会造成仔猪受伤。

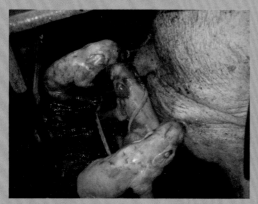
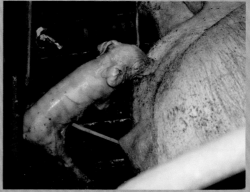

图1.8　分娩胎儿和仔猪的头几个小时

图1.9　大约70%的仔猪在产程前半段出生，另外30%在后半段出生

至于母猪分娩的体位，97%的母猪分娩时是躺卧的，其中大部分是侧卧的，也有一部分是趴着的；只有3%的母猪分娩时采用的是站姿。

1.3.7 难产

大多数母猪分娩时不需要农场员工的助产，需要助产的一般来说不超过10%，除非是在专门对分娩过程进行监督的猪场，会制定人工干预的操作手册以应对2头仔猪的分娩间隔长于预期的情况。

当场内人工干预较普遍时，应考虑对母猪饲料配方、管理或遗传基因进行调整，由于人工干预会增加仔猪受伤和感染的可能，一般不推荐使用。

1.3.8 分娩结束的特征

一般胎盘在最后1头仔猪出生后4h内排出（图1.10）。根据作者的经验，50头母猪的数据显示，胎盘的重量平均为2.45kg。胎盘的重量从0.5kg（分娩出部分仔猪时）到4.6kg不等。

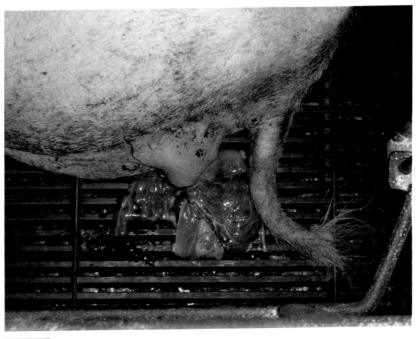

图1.10　分娩结束时胎盘排出

一旦分娩结束，母猪会：

· 平静下来，发出呼噜声并召唤仔猪。

· 停止移动腿部（如果这些动作没有停止，这意味着还有仔猪没有娩出）。

· 恢复正常体温并进食。

1.4 围产期仔猪的生理学

1.4.1 体重及产仔数

猪的平均窝产仔数正在非常快速地改良，总产仔数为12～17头，而活仔数为11～16头。高产品系母猪的产仔数超过这些数字，最好的猪场窝均总产仔数17头以上，窝均活仔数多达15～16头。

同窝仔猪数量越多，仔猪的平均体重就越低。根据作者的数据，当产活仔数为12～14头时，猪场的仔猪平均初生重约为1 450g。

如果总产仔数增加，每增加1头仔猪，仔猪的平均体重就会下降2%～7%，下降程度取决于品种、品系、环境条件和管理措施。

当窝产仔数增加时，仔猪的死亡率会增加，特别是没有采取随后章节中所述的适当管理措施的时候。不仅窝产仔数十分重要，均匀度同样重要。我们的生产目标是获得整齐的仔猪，不同活仔体重的差异要尽可能小，同时具有较好活力，以获得更多的断奶仔猪。

总产仔数包括活仔、木乃伊胎、死胎、假死胎和低活力仔猪，详见下文。

1.4.2 木乃伊胎

木乃伊胎是妊娠35～100d时在子宫内死亡的仔猪（图1.11）。导致木乃伊胎的原因可能是传染性或非传染性的。一个猪场木乃伊胎发生的正常比例为1%～2%。

通过测量胎儿的长度，可以确定木乃伊化的时间（图1.12），并且知道死因是否具有传染性，甚至是什么疾病导致了胚胎木乃伊化。

子宫的非流产性传染病往往会逐渐演变，导致形成不同大小的木乃伊胎。

图1.11　不同大小的木乃伊仔猪

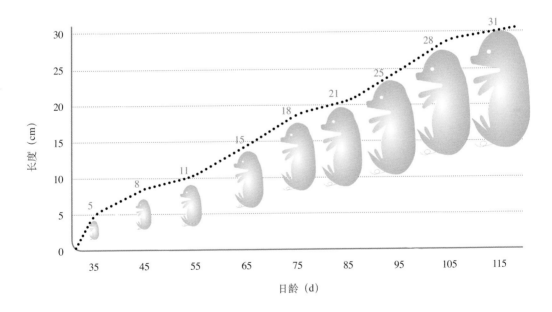

图1.12　木乃伊仔猪日龄和长度之间的关系（测量从头部到尾根）

1.4.3 死胎

死胎是在分娩前或分娩期间死亡的仔猪。如果它们在分娩前死亡，可以通过明显的脱水表征、难闻的气味和皮肤变得苍白而识别。在大多数情况下，它们的表面会覆盖胎膜（图1.13）。它们应该与假死胎区分开。

很多死胎发生在分娩末期。54%的案例（最后20%的仔猪中）在分娩末期排出死胎（Lallemand animal nutrition, 2012）。除仔猪的出生顺序外，其他因素也对死胎有影响，如产仔数、较长的产程以及前一头仔猪排出后的间隔时间过长等。高龄母猪的仔猪成活率更低。

图1.13　1头假死胎仔猪（上）和1头真死胎仔猪（下）

许多发生在分娩过程中的死亡主要是缺氧引起的，缺氧是由于分娩时间过长或由于脐带闭塞或早期断裂造成的。

在第一胎位出生的仔猪中，多达80%保留了完整的脐带，而在分娩结束时出生的仔猪中只有50%保留了完整的脐带。有70%～90%死胎的脐带是破裂的。

平均每窝的死胎数量为1～1.5头，该值主要取决于母猪的产仔数量，还取决于母猪的生产周期、身体状况以及其他环境、健康和管理状况。在高度控制的生产方式下，实施诱导分娩和全程监控产仔，并且每天24h都有工人在场照顾母猪，死亡率可降至每窝0.3～0.4头；而在条件较差的猪场，每窝可能会有2个以上的死胎。

死胎占手术分娩总产仔数的51.3%，3头或3头以上的死胎占分娩总产仔数的14.5%。这意味着，在养猪场中，大量的死胎是由减少的产仔数造成的（图 1.14）。

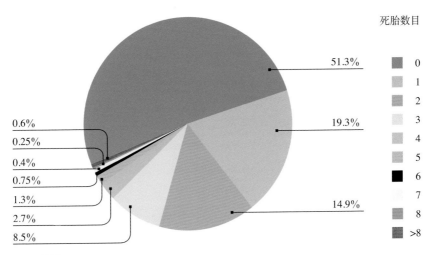

死胎数目

- 0
- 1
- 2
- 3
- 4
- 5
- 6
- 7
- 8
- >8

| 图 1.14 | 在产仔记录中不同死胎数量占的百分比（图中数据基于 100 000 个以上分娩数据而获得） |

1.4.4 假死胎

死胎是指出生时就已经死亡的仔猪，但不是木乃伊。在实践中，猪场里出现的死胎包括真死胎和假死胎（生下来是活的且有呼吸，但被猪场工人当成死胎的个体）。

真死胎和假死胎之间的区别可以通过尸体剖检进行确认。第一个区别是肺的颜色：在真死胎仔猪的体内，肺脏是暗红色的（类似肝实质）；而那些曾经呼吸过的仔猪的肺是鲜红色的（图 1.15）。此外，将它们的肺脏浸入充满水的容器中时，真死胎的肺会下沉，而假死胎的肺会浮起来。第二个测试是检查胃部：如果仔猪得到过母乳喂养，则可以在其胃中观察到初乳。

从形态学观点来看，真死胎的仔猪比同一窝的活仔同胞显得更长更薄。另外，那些分娩时死亡的仔猪，因为从未行走过，蹄子被拖鞋形状的黄色组织覆盖（图 1.16）。

出现在农场的假死胎仔猪数量之间的差异可能是由偶尔出现的管理问题导致的，因为在许多情况下，它们出生时是活的，但却由于缺乏适当的护理而死亡。

图 1.15　肺膨胀不全。将肺部浸没在水中，假死胎的肺会漂浮于水中，而真死胎的肺会下沉（对比试验在同一个农场中进行）

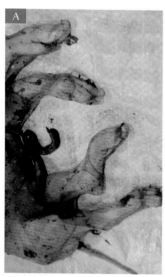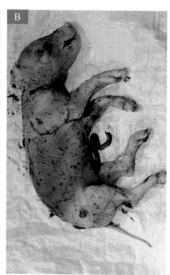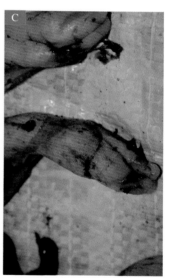

图 1.16　死胎。可观察到"拖鞋"状覆膜，它们在妊娠和分娩期间保护子宫免受可能的损害

1.4.5　低活力仔猪

仔猪的体重不足以描述出生时的活力，也不足以解释仔猪死亡率的差异。与身体形态和功能修饰相关的发育过程主要发生在出生前。这些修饰决定了仔猪在出生后的存活力。

宫内发育迟缓（intrauterine growth retardation，IUGR）的仔猪比正常仔猪的活力更低，通常约占活仔数的11%。这些低活力的仔猪平均体重不到0.9kg，相比较而言，只有2%的正常成熟仔猪的体重可能会低于0.9kg（图1.17）。

仔猪的体重和大小也不足以评估其成熟度。活力低的仔猪与其他仔猪在行为上有着很大的区别；它们无法自主吃奶，必须由农场技术员将它们放到母猪乳房附近。在某些情况下，它们甚至可能没有吮吸反射，而无法从乳头中获取乳汁。它们也不会与同窝其他小猪有任何互动。

许多活力低仔猪都被困死于栏内寒冷的角落或死于虚弱、营养不良或是被压死。它们存活与否主要取决于它们发育不成熟的程度、寄养做得如何、人工干预的程度以及它们与同窝其他仔猪的融合程度。

并非所有低活力的仔猪都会死亡，那些存活下来的仔猪在断奶时的平均体重低于平均水平1.6kg。出于这些原因，对这些仔猪应该考虑实施安乐死，特别是那些初生重低于700～800g或高度不成熟的个体。

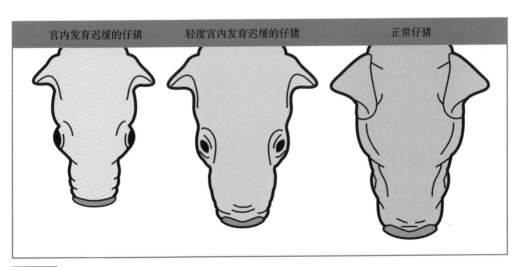

| 宫内发育迟缓的仔猪 | 轻度宫内发育迟缓的仔猪 | 正常仔猪 |

图1.17　不同成熟度仔猪的面部形态

1.4.6 仔猪出生后的早期活力

仔猪的活力可以根据不同的标准进行评估，如出生到初次接触乳头的时间间隔；出生到第一次哺乳的时间间隔；24h后直肠温度；以及前5d或10d内的体重增加和存活率（图1.18）。

· 仔猪出生后的早期活力与分娩过程中缺氧的关系。出生时活力不佳的仔猪通常是分娩期间缺氧的仔猪。

· 活力和初生重之间的关系。一般初生重较低的仔猪活力也不佳。例如，图1.18中0级所示的仔猪，通常初生重不超过1kg。

出生时不同程度的仔猪活力

百特评分法（Baxter's scale，2008）的主要依据是仔猪在出生后15s内的呼吸能力。可以分为4个层次的活力。随后，拉曼动物营养（Lallemand Animal Nutrition，2012）通过增加仔猪的位置及其行为完善了这一评分体系。

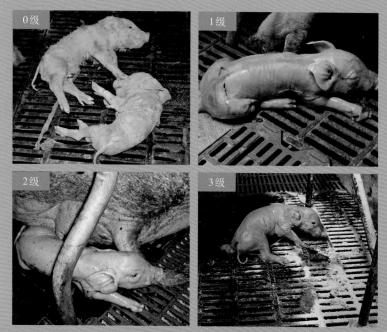

图1.18　仔猪活力（百特评分法）（引自Baxter et al.，2008）
活力0级　活的仔猪，但在前15s内没有移动或尝试呼吸。
活力1级　仔猪没有移动；但会在前15s后呼吸或尝试呼吸（咳嗽，首次扩张肺部）。
活力2级　仔猪在生命的前15s移动并呼吸。
活力3级　正常的仔猪移动、呼吸良好，并试图在第一个15s内站起来。

·活力与同一窝内出生次序及产程之间的关系。最先出生的仔猪比分娩最后阶段出生的其他同胞更有活力。这证实了在生殖道中停留过久会导致缺氧并减少仔猪活力的理论。最后出生的仔猪本身较弱，也没有足够的时间去吮吸质量较差的初乳，从而威胁到其生存。

·活力与母猪胎次之间的关系。与青年母猪相比，大龄母猪生出的仔猪活力更低。

1.4.7 超额仔猪和弱仔的饲养

最近，新的遗传育种技术主要是使用 BLUP（最佳线性无偏预测）引入中国地方品种猪的基因，并且在较低程度上，遗传标记的使用都导致了非常显著的遗传改良，得到了越来越高产的母猪品系。

例如，根据西班牙 BDporc 数据库的数据，西班牙养猪场的生产水平在过去几年中有了很大的提高，每头生产母猪年提供仔猪数从 1990 年的 19.7 头增加到了 2012 年的 26.44 头。这一生产水平的提高主要归因于繁殖性能的提高（图 1.19）。

图 1.19　1990—2012 年西班牙平均生产成绩的变化（引自 Noguera J.L., et al. Reference data bank for Spanish pig production. Boletín BDporc IRTA 2013, 14: 2-3）

由于猪的品种越来越高产，而母猪的哺乳能力却没有得到同样的提高，出现了两个问题。一方面，体型偏小（体弱）的仔猪比例越来越大；另一方面，出现了多余的仔猪。

· "弱仔"一词适用于出生时体重低于平均初生重的75%（平均初生重1.45kg）的仔猪。也就是说，弱仔出生时体重不到1.08kg。

· 当同一窝内仔猪超过可用的功能性乳头的数量时，就使用"多余仔猪"一词。这些仔猪可以通过寄养技术来挽救。

分娩开始3h后出生的仔猪的活力通常很低，这些仔猪一般都需要人工复苏干预。

Quesnel等在2008年开展的一项研究表明，当总产仔数＞16头时，弱仔个体的比例会增加到25%（表1.1）。

猪场出现繁殖力提高以及仔猪初生重降低的情况时，猪场就需要实施应对这些情况的策略。这些策略主要基于寄养技术、隔离式断奶以及采用适合母猪和仔猪的饲喂系统。

表1.1　不同总产仔数水平与初生重相关的变量

总产仔数（头）	≤9	10～11	12～13	14～15	≥16	产仔数效应
平均初生重（kg）	1.88	1.67	1.57	1.48	1.38	***
变异系数（%）	15	18	21	22	24	***
同一窝中初生重比平均值低75%的仔猪百分比（%）	6	9	12	13	16	***

注：*** 表示 $P < 0.001$。

引自 Quesnel H., et al. Influence of some sow characteristics on within-litter variation of piglet birth weight. Animal 2008，2：1842-1849。

2 产房的设计、结构和类型

2.1 引言

在现代养猪生产中，产房设施的设计和合理管理是达成生产目标的关键因素。许多猪场在建筑设计、产床尺寸、产床数量、通风、选材、地面特性、保温设备等方面存在严重缺陷。一方面，这些缺陷会严重影响管理（导致某些工作难以开展）。另一方面，则会大大影响生产效率，降低仔猪的成活率，特别是在产后第2～3天。

谨记产房1个产床的投资至少是1个配种栏或定位栏投资的3倍。因此，我们在计算和设计产床的时候必须非常严格，但切不可节省实现良好生产成绩所必需的材料和设备。

本章将详细介绍正确的产房设计和规格等关键要素。

2.2 产房

2.2.1 计算产床数量

一般，产床数量应基于猪场生产母猪设计存栏量进行计算。考虑到产房清洗所需要的时间，且仔猪在21日龄左右断奶，之前产床数量用每批次分娩母猪数量乘以4周计算。如今大量研究表明，断奶日龄为28日龄且平均断奶重为7～8kg时，可获得最佳的技术和经济效益。计算产床数量时，用预计批次分娩母猪数量乘以5周。

此外，欧洲自2013年1月1日起开始实施新动物福利法。除法律特许的情况外，强制要求仔猪在28日龄断奶，母猪或仔猪的健康可能会受到推迟断奶的影响。另外，随着高产母猪品系的出现（平均产活仔数达14～16头），在寄养管理良好的集约化猪场，多达20%的母猪被用作奶妈猪（断奶仔猪数超过30头），这些都需计算到产床理论数量中。

举例：

一个猪场有2 500头能繁母猪，周分娩窝数目标为120窝，每周产床需求数量为120×（1+20%）=144，考虑产房最低占用5周，需要的产床总数为720。

因此，对于多数采用周批次生产模式的中大型猪场，产床总数可以按以下公式计算：

产床数量＝能繁母猪数量 / 21个批次 ×5周占用 ×1.20*

*考虑奶妈猪增加20%的产床。

其他批次系统，产床计算按照下述公式计算，将公式中的变量替换成相应数值（表2.1）。

2周或4周批次生产，建议至少预留10%～15%的额外产床（使用单独的小型产房）给那些批次间分娩的母猪，以及个别批次超计划的分娩母猪或因需饲养的奶妈猪。

3周或5周批次生产，无需额外栏位。考虑断奶日龄可调节，产床数量满足容纳批次间的母猪，或为奶妈猪等情况提供栏位。

产床数量＝能繁母猪数量 /（批次数 × 批次间隔） × 占用周数

2周或4周批次，数量最后应该乘以1.10～1.15（额外栏位）。

表 2.1　公式中各参数的关系

批次间隔（周）	批次数	占用周数
1	21	5
2	10	4
3	7	6
4	5	4
5	4	5

2.2.2　产房设计

产房的设计最终取决于所采用的管理体系：周批次，还是 2 周、3 周、4 周或 5 周批次。在理想情况下，每个产房应该和每批次分娩母猪数量相对应（加上 20% 额外产床给奶妈猪）。

在大型猪场中，每批要分娩的母猪被分为若干组并饲养在同样大小的产房中，以便最大限度优化管理和建筑成本之间的关系。产房的设计应保障实现自动饲喂、通风、加热和降温等系统的最佳功能。

从经济和建筑角度来看，最实用的选择是 24 个、36 个和 48 个产床的产房（图 2.1）。如果采用前面 2 500 头母猪的例子，每周需要 144 个产床，则设计如下：每周 6 个产房 × 24 头母猪/产房，4 个产房 × 36

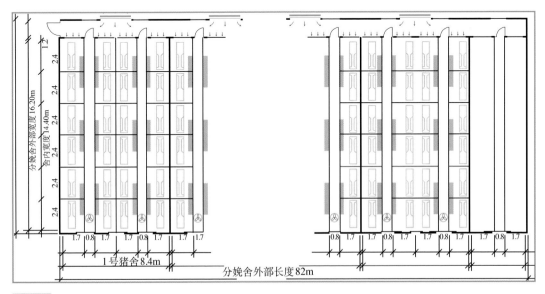

图 2.1　24 个产床的产房布局图（图片由 José María Biarge 提供）

头母猪/产房或3个产房×48头母猪/产房。多数情况下，计划建设的产房类型取决于可供建设的土地面积及其地形。

2.2.3 隔热

在不涉及建筑特性的大部分技术细节的情况下，必须重视所用建筑材料的隔热性能。要知道母猪场的大部分能源被消耗在产房（保温、通风和降温）。要了解不同材料的隔热性能（表2.2a和表2.2b），通常使用制造商提供的导热系数（λ）。

表2.2a 建筑中使用的不同材料的导热系数

材料	导热系数[W/（m·K），瓦/（米·度）]
金属	35（铅）/381（铜）
水泥	1.63～2.74
水	0.60（液体）～2.50（冰）
水泥砂浆	0.35～1.40
实心砖	0.72～0.90
水泥块	0.35～0.79
空心砖	0.49～0.76
粉刷石膏	0.26～0.30
多孔砖	0.20～0.30
木板	0.10～0.21
加气混凝土	0.09～0.18
隔热材料	0.026～0.050
空气（无对流）	0.026

屋顶特别重要。屋顶需要在冬季防止热量损失，在夏季防止过度炎热。材料的选择很多，但西班牙的畜牧建筑屋顶多采用纤维水泥板或彩钢板，隔热材料复合在板上（发泡聚苯乙烯、发泡聚氨酯等）。

表2.2b 猪舍建筑材料的导热系数

隔热材料	λ
膨胀黏土	0.148
EPS 发泡聚苯乙烯[0.029 W/（m·K）]	0.029
EPS 发泡聚苯乙烯[0.037 W/（m·K）]	0.037 5
EPS 发泡聚苯乙烯[0.046 W/（m·K）]	0.046

（续）

隔热材料	λ
MW 矿物棉 [0.031 W/（m·K）]	0.031
MW 矿物棉 [0.04 W/（m·K）]	0.040 5
MW 矿物棉 [0.05 W/（m·K）]	0.05
EPB 膨胀珍珠岩板（>80%）	0.062
泡沫玻璃板（CG）	0.05
现场发泡聚氨酯墙面保温层（CO_2 作为发泡剂）	0.04
发泡聚氨酯板（HFC 或戊烷作为发泡剂）表层不透气 [0.025 W/（m·K）]	0.025
发泡聚氨酯板（HFC 或戊烷作为发泡剂）表层不透气 [0.03 W/（m·K）]	0.03
发泡聚氨酯板（HFC 或戊烷作为发泡剂）表层不透气 [0.027 W/（m·K）]	0.027
闭孔发泡聚氨酯（CO_2 作为发泡剂）[0.032 W/（m·K）]	0.032
闭孔发泡聚氨酯（CO_2 作为发泡剂）[0.035 W/（m·K）]	0.035
闭孔发泡聚氨酯（CO_2 或 HFC 作为发泡剂）[0.028 W/（m·K）]	0.028
XPS 挤塑板（CO_2 作为发泡剂）[0.034 W/（m·K）]	0.034
XPS 挤塑板（CO_2 作为发泡剂）[0.038 W/（m·K）]	0.038
XPS 挤塑板（CO_2 作为发泡剂）[0.042 W/（m·K）]	0.042
XPS 挤塑板（HFC 作为发泡剂）[0.025 W/（m·K）]	0.025
XPS 挤塑板（HFC 作为发泡剂）[0.032 W/（m·K）]	0.032
XPS 挤塑板（HFC 作为发泡剂）[0.039 W/（m·K）]	0.039

　　这些复合保温材料的问题在于，复合板安装在支撑梁的顶部，这样支撑梁可能会妨碍房间的通风和清洁系统的正常运行。最理想的选择是屋面板直接安装在梁上，然后现场喷涂至少 3 ~ 4 cm 厚的发泡聚氨酯，这样可以给屋面在恶劣天气（冰雹、大风等）下足够的耐受力，然后安装 3 ~ 5 cm 厚硬质发泡聚氨酯夹芯板，两面都用铝合金板（图2.2）。这样的话，舍内吊顶完全平整，猪舍内的空气可以得到合理的分布，从而实现正确的通风，并在产房清洗时迅速有效地清洁吊顶。此外，良好的边缘密封（图2.3）可以防止啮齿动物进入。啮齿动物会对屋顶和建筑物的电线造成巨大的破坏。

　　在非常寒冷的区域，屋顶下面采用假吊顶的方式。假吊顶可以是实心的（图2.4），可调节进风口从而调节进入猪舍的空气；或者采用多孔板（图2.5），减少猪舍的进气量，从而获得均匀的空气分布，空气在接触到猪之前已经经过充分预热。在某些国家，在假吊顶上铺设玻璃棉或其他一些保温材料，以增加隔热性能。

图2.2　硬质发泡聚氨酯夹芯板，面板为铝合金板

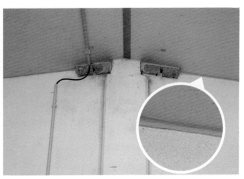

图2.3　吊顶板边缘密封

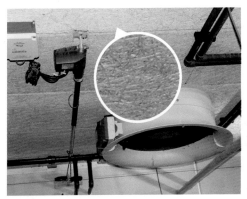

图2.4　吊顶采用的隔热材料

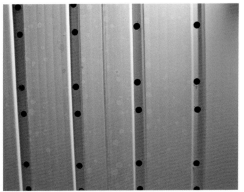

图2.5　多孔吊顶

除了屋顶外，还有4面外墙共同组成了建筑的外围护结构。对于外墙，市场上有多种具有良好隔热性能的材料可供选择：烧结黏土、膨胀黏土或泡沫加气混凝土砌块、挤塑聚苯乙烯（以避免热桥）作为芯材的预制混凝土墙板、PVC或聚乙烯墙板，或以聚苯乙烯作为芯材的夹芯钢板。

选择时也要考虑该地区的地形和天气特征。根据需要，应选择最能适应具体需求，应尽可能匹配这些特征并且性价比高的方案。同时不应忽视这样一个事实，即隔热方面的前期投资可以在未来的中期和长期内大大减少能源费用。

2.3 分娩栏产床

2.3.1 尺寸规格

与以前的分娩栏产床相比，目前推荐的分娩栏产床尺寸有所增加（母猪体型更大了，分娩更多仔猪，更多的仔猪哺乳28d所需空间也增加了）。作为参考，建议分娩栏产床尺寸至少为2.5m×1.8m。

目前已经有项目采用了2.7m×1.9m的产床。

2.3.2 栏位朝向

如果产房只有一个走道，产床的短边（1.60～1.80m）通常是朝向走道的，这样母猪头部（图2.6）或尾部会朝向走道（图2.7）。在第一种情况下，工作人员进行饲料配量器的调整、料槽巡视和清洗、补水等工作时会更加轻松；而在第二种情况下，母猪的尾部朝向走道，便于在分娩期间的操作。

如果产房有2个或2个以上的走道，产床的长边通常平行于通道安装，以便人员可以很容易地给猪喂料，方便监视分娩过程和新生仔猪（图2.8）。在这种情况下，保温板一般安装在走道旁边，以方便饲养员在哺乳阶段对仔猪进行操作。

随着欧盟动物福利指令的生效，考虑未来可能采取的相关措施，母猪在整个哺乳期可以自由活动的新型产床正在试验阶段（图2.9）。

分析完整个产房之后，我们现在将更详细地讨论产床。

为产房选择合理尺寸、合适材料和良好设计的产床，可以使这一关键生产环节的效率达到最佳。设计缺陷或材料选择错误会降低猪的生产成绩，主要会造成仔猪断奶前死亡率上升，并降低工作人员的效率。

图2.6　猪头部朝向走道

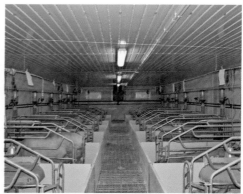

图2.7　猪尾部朝向走道

图2.8　多条走道的产房，母猪与走道平行

图2.9　母猪可以自由活动的产床

图2.10　铸铁分娩限位栏

图2.11　镀锌分娩限位栏

不合理的猪舍设计会增加死亡率并影响人员工作效率，从而降低生产成绩。

2.3.3 分娩限位栏

分娩限位栏的种类很多，几乎所有类型都能正常使用。分娩限位栏基本可以分为两种类型：铸铁分娩限位栏和镀锌分娩限位栏（图2.10和图2.11）。镀锌框架的分娩限位栏更结实、更耐用，但成本更高。

建议

·分娩限位栏的门闩要易于操作。插销要足够厚，以防止连续使用而引起变形。

·分娩限位栏的设计可以根据母猪的体型，调整猪栏后部宽度（图2.12）。

·在分娩限位栏后2/3的中间高度位置应减少活动空间。这一设计可以是固定的，也可以是活动的（防压杆）。产床两侧或两根防压杆之间的推荐间距为40～44cm（图2.13和图2.14）。这一系统对于减少压死仔猪的数量至关重要，因为它迫使母猪慢慢地躺下，这给了仔猪更多的时间远离母猪。

·产床要确保仔猪可以方便地接近母猪乳头，同时防止母猪"逃脱"分配给它的空间。通常情况下，产床有可以依据仔猪的体型调整的侧面挡杆，或者可以让仔猪能够通过间隙接触到乳头的耙齿（图2.15）。

图2.12　产床后部的宽度调节

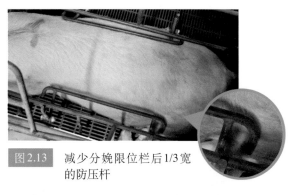

图2.13　减少分娩限位栏后1/3宽的防压杆

图2.14　防压杆细节

图2.15　产床侧面耙齿，方便仔猪接触乳头

2.3.4 地面

母猪区（分娩限位栏安装位置）和仔猪活动区的地面设计要区别对待。

出于清洁卫生方面的考虑，目前的趋势是采用全漏缝地面（图2.16），可以采用铸铁漏缝地板结合塑料漏缝地板的方式（图2.17），也可以全部采用塑料漏缝地板。在一些项目，尤其是在北欧一些国家，母猪前肢休息区和仔猪教槽区会使用实心水泥地面，其他区域使用漏缝地面。

在产床的母猪区域，可以使用适合母猪体重和肢蹄的高密度塑料漏缝地板进行支撑。

在夏季高温地区，建议在母猪躺卧的地方安装导热性能更好的金属漏缝地板（铸铁或镀锌铁），有助于母猪降温，减少热应激。

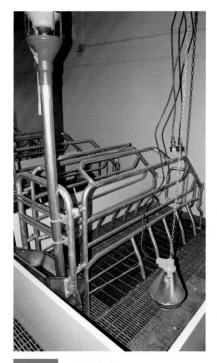

图2.16　全漏缝地面

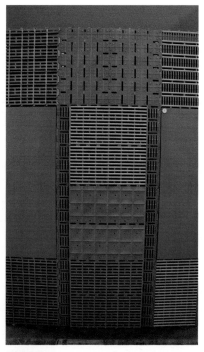

图2.17　由不同类型漏缝地板组成的产床漏缝地板

在气候温暖的地区，因为仔猪会在实心地面排便、排尿，从而增加某些病原的感染压力，不建议使用半漏缝地面（图2.18）。

图2.18　半漏缝地面

建议

　　·避免地面打滑。铸铁和塑料地板都应该有凹槽，以防止母猪站立或躺下时打滑。

　　·母猪的通道区域（产床的入口和出口），应根据其体重安装相应的栅栏。

　　·避免边缘有毛刺或粗糙表面，因为他们可能会损伤仔猪的腿部或蹄部。

　　·最好将母猪躺卧区域提高4～5cm（图2.19），这样仔猪更容易接触到下侧一排乳头。与此同时，仔猪更难进入母猪区域，这会减少压死仔猪的数量。

　　·有些特殊设计的产床，母猪区比仔猪区的位置更高。当母猪站起来时，仔猪区域向下移动。当母猪再次躺下时，仔猪区域会恢复到原来的高度。

　　·在铸铁漏缝地板铺设橡胶垫，使舒适性更好，但成本较高。

图2.19 中心区域相对于地面的其余部分抬高（箭头）

2.3.5 仔猪保温区

降低从出生到断奶的死亡率的另一个关键因素是防止新生仔猪体温过低。为了达到这个目的，产床配备保温区非常重要（图2.20）。

仔猪理想温度

仔猪保温的目的除了防止出生后体温过低外，还可以在出生后的头2～3d内保持适当的温度。随着时间的推移，仔猪的适宜温度区范围扩大。在出生1周后，下临界温度（LCT）已经下降到25℃。

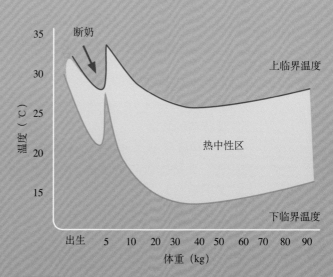

图2.20 猪热中性区间（引自Quiles A. and Hevia M. L. Cría y manejo del lechón. Editorial Acalanthis Comunicación y Estrategias, 2006）

仔猪的保温有很多不同的方式，最常见的有如下几种：

2.3.5.1 保温板

这一设计在现代化猪场最为常见，保温板尺寸一般为120cm×40cm或120cm×50cm。这个尺寸分别对应2块60cm×40cm或60cm×50cm的产床地板。

保温板的表面可以使用多种不同材料：聚合物混凝土（polymer concrete）、塑料、不锈钢（图2.21至图2.23）等。保温板要设置凹槽防止仔猪打滑。为了避免热量损失，要在保温板下面放置一层保温材料。

保温板应安装在离母猪乳房较近的地方，通常在与产床长轴相对的中心位置。理想情况下，应该在母猪的两侧都安装保温板。但由于设备成本大大增加，通常不这样做。

安装带有顶盖的教槽区时，保温板通常安装在前方角落。然而这种设计的缺点是，保温板非常接近母猪头部，可能会因为过热而降低母猪采食量。

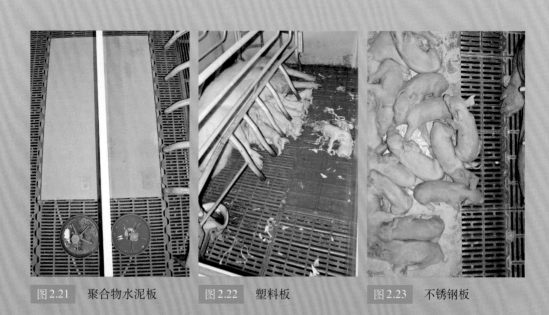

图2.21　聚合物水泥板　　图2.22　塑料板　　图2.23　不锈钢板

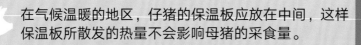

在气候温暖的地区，仔猪的保温板应放在中间，这样保温板所散发的热量不会影响母猪的采食量。

保温板有两种类型：

a. 电保温板。在保温板表层下布置电阻丝。新一代保温板具有低能耗的特性（根据技术规范，其最大功耗为85W，平均功耗为50W）。电保温板的优点是表面清洁、所需维护少。

为了节能，每一块保温板安装独立的开关和调节温度的变压器。仔猪出生时，保温板表面的理想温度为38 ~ 40℃。

b. 水暖保温板。水可以选择生物质、丙烷或柴油锅炉进行加热。通过水泵，水通过一个封闭的回路被分配到过道和不同房间的管道中，然后再回到锅炉中。

为了提高锅炉的效率，避免能源浪费，每个房间都安装了调节加热水温度的装置（图2.24）。通过传感器测量回路中的水温，并根据先前设定的温度控制阀门（图2.25）打开或关闭房间的供水。

通常用同一套控制系统调节仔猪保温板的温度，并监测猪舍的环境条件（通风、温度等）。这些系统也可以单独安装（图2.26）。

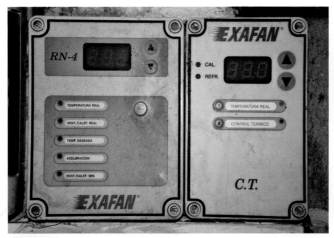

图2.24　温度调节装置（右侧）

图2.25　每个房间入口处温度控制阀门

图 2.26　环境控制器（左侧）和保温板控制器（右侧）

要记住：随着仔猪日龄的增加，它们对热量的需求会发生很大的变化。

2.3.5.2 红外线保温灯

红外线保温灯有不同的类型：是否配备节能开关，不同直径的聚光罩以及不同的功率（75～250W）。保温灯可以与仔猪教槽区盖板结合使用，或者简单地安装在仔猪休息区的上方。

相对于没有盖板的教槽区，带盖板的教槽区（图2.27）能使盖板下方空间温度提高6～8℃。教槽区增加盖板在寒冷天气时非常有效，除了为仔猪提供适当的舒适度外，还可以节省大量的能源。分娩限位栏可以斜放在产床内，这样可以在盖板教槽区为仔猪的休息留出更多的空间。

建议

· 在气候温暖的地区，最好使用厚橡胶垫或移动水垫。在仔猪出生前几天，将垫板放置在保温灯下数天，然后移除。

· 热源应始终位于实心地面上方（而不是漏缝地面上方），以避免热量损失（图2.28）。如果同窝仔猪太多，保温灯可能不够用，尤其是在仔猪区没有盖板的情况下。热源下的仔猪可被保温，但两侧的仔猪几乎没有吸收热量。

最好的选择是使用保温板和保温灯组合。母猪分娩时，保温灯位于母猪尾部的上方（图2.29）。保温灯朝向保温板，这样可以提供光线，仔猪出生时就会向这个区域移动。

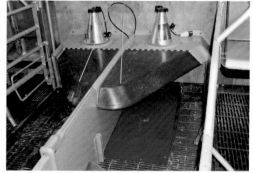

图2.27　不同类型的带盖板教槽区

图2.28　防止仔猪出生后体温过低

图2.29　在母猪分娩时，保温灯调至母猪尾部上方

保温灯有助于刚出生的仔猪干燥。当饲养员在产房工作时，将新生仔猪抱起并放到保温灯下。等新生仔猪干燥温暖后再放出来，以便仔猪吮吸初乳。一旦分娩完成，将保温灯移到保温板的上方，即保温灯在仔猪出生后的头2～3d里安装在保温板的上方，以补充保温板提供的热量。

最好的设计是将保温板和保温灯组合在一起，保温灯在母猪分娩时应安装在母猪尾部的上方。分娩结束后，将保温灯移动到保温板的区域。

2.3.5.3 燃气加热器

电力不足的老式猪场仍在使用燃气加热器，但并不推荐。燃气加热器会消耗氧气并产生二氧化碳。此外，燃气加热器在猪场使用时会因积灰而变脏，这可能导致燃烧不充分产生一氧化碳，这将给猪群和人员的健康带来很高的风险，同时还有火灾的风险。

目前一些猪场正在使用可再生能源（太阳能板、太阳能集热器、地热能源等，图2.30）。这些技术的采购、安装及摊销成本的降低及传统能源（柴油、丙烷、天然气、电力等）成本的增加似乎表明，后续可再生能源会在猪场得到更多使用，但这在很大程度上取决于未来各国采用的可再生能源政策。

图2.30　在产房安装光伏发电装置。A.屋顶上的太阳能板；B.电池存储系统

2.3.6　母猪料槽和饮水器

当前集约化养猪生产体系通常饲养高采食量和高泌乳量的种猪品种。有些母猪在一个哺乳期能吃200kg饲料，喝1 000L水。除了提供最佳的环境条件外，母猪还需要充足的饲料和水。

2.3.6.1 料槽

最常用的材料是不锈钢或带有不锈钢框架的聚乙烯（图2.31）。

建议

·料槽应安装在适当的高度，方便采食，青年母猪和成年母猪都应处于舒适的位置。料槽的底部应距地面18～24cm。这样，仔猪也可以轻松地从槽下通过。

·料槽应采用圆形边缘，以避免母猪在进食时摩擦料槽被刮伤或造成其他损伤。

·料槽应该足够厚实、焊接得当，以防止由于长期使用而造成的断裂或变形。母猪有时会将前肢搁在料槽上面并等待饲料。

·料槽应该是圆形的，底部没有棱角，这样可以方便清洗，而且可以方便将一些母猪没有吃完的饲料清理掉。

·料槽边沿应向内弯曲成合适的角度，以避免饲料浪费，因为一些贪吃的母猪会变得紧张，并从料槽中拱出部分饲料。

图2.31　不锈钢料槽

在许多猪场，有着各种不同下料方式的料槽：触压式、不锈钢板拨片等，但都有同样的几个问题影响了使用：

·一些母猪一次拱出很多饲料，但母猪只吃新鲜的饲料，部分饲料残留在底部，这些残渣在夏天会发酵，因此，需要清理。

· 清洁更加困难和不方便。

· 需要更多的维护，需要单独调整下料量。

· 母猪花费更多的时间将饲料拱出来和进食，在某些情况下（"懒惰"的母猪）采食量减少。

· 任何时候都应该配套使用饲料配量器，以便控制每头母猪的采食量，不采用自由采食的方式。

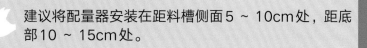

建议将配量器安装在距料槽侧面5～10cm处，距底部10～15cm处。

饲料配量器

不同型号的配量器都能正常工作。因为需要经常调节下料量，配量器必须可以方便、有效地调节控制。可以在母猪临产时减少下料量，之后逐步增加下料量，并监测每头母猪的饲料采食量（图2.32）。

配量器与料槽之间的管道通常由镀锌钢制成（图2.33）。必须使用强度足够的下料管，并正确固定。建议将下料管安装在料槽一侧，

图2.32　饲料配量器　　图2.33　配量器和料线

靠近料槽底部。母猪在哺乳期后期需要吃大量的饲料，其中一部分饲料会留在管道里，等下面的饲料吃完再流出来。这样可以避免饲料浪费，但总有一些母猪会将所有饲料弄出来再吃。

现在已经有可以综合配量器优点配套额外储料器（小型料斗）的设计，母猪通过触动按钮或球阀少量下料到料槽，该设计可以管理饲料采食量（图2.34）。这个设计减少了精神不安的母猪的饲料浪费，这些母猪采食时会将饲料从装满的料槽中拱出。

产房专用的自动饲喂系统最近已经出现。系统让母猪在达到设定日采食量（根据程序计算的饲喂曲线）之前实现少吃多餐。系统还按照程序设定的稀释值进行供水。料槽底部有用于检测余料和水量的传感器。如果母猪不吃饲料，系统就不会补充新的饲料。尽管需要较高的投资成本，这些系统效果很好。系统在人员紧张的猪场特别有用。

图2.34 带有额外储料器（白色箭头）和出料球的配量器设计。还可以观察到在饮水碗中保持恒定水位的饮水浮阀（红色箭头）

2.3.6.2 饮水系统

母猪在分娩过程中会失去大量体液。母猪在哺乳期间需要大量饮水，以保持较高的泌乳量。因此，饮水便利和供水充足对母猪饮水量和饲料采食量的最大化至关重要。

对于安装在产床的乳头饮水器或饮水碗，传统上建议最小流量为2L/min。根据新的生产需要，建议最低流量为4～6L/min。在一些饲养高产母猪的公司，技术人员推荐10L/min的流量。为了达到这个目标，除了使用一些经销商已经在销售的设备（乳头饮水器、饮水碗等）外，水线内的压力要维持在202kPa。

有几种不同类型的饮水系统：

a.安装在料槽中的乳头饮水器（图2.35）。专业技术人员通常会推荐这一方案。饮水器在料槽中的正确位置是非常重要的。饮水器的端部位置应该位于距料槽底部15cm，也就是低于料槽边沿高度几厘米的地方。母猪喝水时水会开始大量流出，这样水就不会溢出，从而避免浪费水和打湿躺卧区。乳头饮水器必须安装在下料管的对面。缺点是如果乳头饮水器有问题，可能会导致出水量不够且不容易被发现；或者相反，则水量过多。在这种情况下，必须将它移走以便能够继续喂料。

b.饮水碗。安装在产床靠近地面的地方，在仔猪休息区域的对面，在料槽下部（图2.36）。

饲养人员应该每周检查2～3次产床乳头饮水器是否正常工作。

这种方式的缺点是，在夏天，母猪有时会躺下，把鼻子或腿放在碗里，不停地按压水嘴进行降温，造成了相当大的水浪费。

新建产房安装自动液位控制阀，保持料槽或饮水碗的水量恒定，这个设计很好。然而，必须确保其正常运作，否则，可能无法达到需要的流量，从而限制了母猪的饮水量。另外，水管的端部不能过于靠近料槽的底部（水管较长）。如果母猪不吃饲料，饲料会堵塞水管出口。

图 2.35 安装在料槽中的乳头饮水器

图 2.36 大流量饮水碗

图 2.37 液态料设备

额外供水系统

在一些养猪历史悠久的欧洲国家，如荷兰、丹麦和德国，通过使用副产品来降低饲养成本，并安装自动液态料系统，在供料时混合饲料和水（图 2.37 和图 2.38）。尽管成本很高，这些系统可以大大提高母猪采食量和生产性能。

图 2.38 阀门和自动供料管

在大多数猪场，母猪饲喂干物质含量很高的颗粒饲料（干料），因此，需要在饲喂过程及之后立即饮水。

建议在每次饲喂后10 ～ 15min内加入5 ～ 10L水。这样，那些进食较慢或食欲较差的母猪会在饲料变为"液体"时增加采食量。一些新的猪场安装了独立的水管，通过电磁阀和定时器自动将水加入料槽中。可以在管道上安装可关闭的水龙头以防止母猪自行放水装满料槽，这很有意义。在小型猪场，用单独的水龙头给料槽补水，或者在每个房间安装1个水龙头，用软管补水。

2.3.7 仔猪料槽和饮水器

如果母猪的泌乳量较高，个别仔猪在哺乳期几乎不吃饲料或喝水。但应始终确保有饲料和水的供应，特别是7 ～ 10日龄之后，这样在后续的断奶时应激较小。

补料槽（图2.39）的类型很多。最常见的类型是圆形料斗补料槽，补料槽从中间分成几个采食位。这样使仔猪可以与同窝仔猪同时进食和饮水，这是它们在哺乳期间的习惯。补料槽通过挂钩和弹簧固定在漏缝地面上。

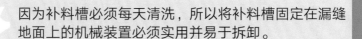

因为补料槽必须每天清洗，所以将补料槽固定在漏缝地面上的机械装置必须实用并易于拆卸。

仔猪应该每天补料2次，每次少量，这样才能保证饲料新鲜，而且不会失去最吸引仔猪的味道。补料槽应每天清洗，并将未食用的过量饲料清理干净。

饮水器通常为饮水碗（图2.40），安装在产床后部，仔猪保温区对面。为了防止疾病传播，应该经常清洗，以免仔猪因为饮水碗不清洁而拒绝喝水。

| 图2.39 | 仔猪补料槽 |
| 图2.40 | 仔猪饮水碗 |

2.3.8 理想的产床

如前所述，理想的产床设计应如图2.41所示，并根据各国法规对功能进行调整。地面设计和使用的材料取决于地理区域和天气条件。

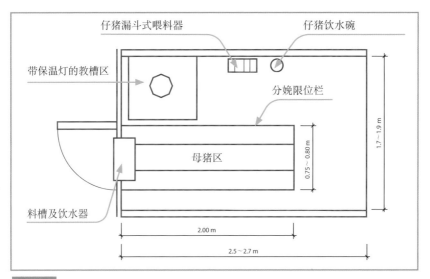

图2.41　理想的产床设计（引自Forcada F. and Viladomiu I. Cap. 8, Alojamientos para cerdas lactantes. In: Forcada F., Babot D., Vidal A. Buxade C., et al. Ganado porcino. Diseho de alojamientos e instalaciones. Editorial Servet, Zaragoza, 2009）

2.4 产房环境条件的监测

接下来将根据母猪和仔猪在出生时的需要，简要介绍用于正确监测产房环境条件的不同参数。

合理设计产房的通风、保暖和降温系统，在很大程度上决定了产房的技术参数和生产能力。

2.4.1 温度

各国学者的研究表明，哺乳期母猪的热舒适区在16 ～ 20℃。根据设施、通风和空气分布的情况，这个范围可以扩大到12 ～ 24℃，在这个范围不会对母猪的行为造成严重影响。仔猪在出生和出生后的最初几个小时需要32 ～ 35℃的温度（表2.3）。

表2.3　母猪和仔猪的舒适温度

动物类型	温度	温度
哺乳母猪（产房环境温度）		
分娩至产后3d	20℃	25℃
>产后3d	17℃	22 ～ 25℃
仔猪（教槽区域温度）		
出生至3日龄[*]	22 ～ 34℃	取决于仔猪躺卧时的表现[**]
3日龄以上	4周后逐渐降至24℃	

注：[*]前几天教槽区地面的理想温度是39 ～ 41℃。

　　[**]仔猪在教槽区休息时的侧躺姿势（侧卧位）表明热舒适效果最佳。

引自Callejo A. y Ovejero I. Control ambiental de instalaciones de ganado porcino, 2007。

在冬季温度极低的国家，房间内的温度可能低于下临界温度，达到14 ～ 16℃。建议使用加热系统对进入产房的空气进行预热。通常使用过道的散热器、房间入口的三角管（带有鳍状散热片的铝管，与空气接触时会散发热量），或者从过道里注入热空气的风机或猪舍加热器。

在气候温暖的地区，夏天会发生这些问题。产房温度很容易超过哺乳母猪的上临界温度。高于上临界温度的气温可能会对母猪和仔猪的生产力产生显著影响（图2.42）。

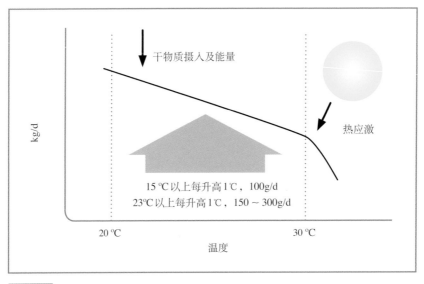

图2.42 产房温度与采食量的关系（引自 Marco i Collell. Control ambiental en porcino）

热应激对母猪的影响（表2.4）：

·母猪减少采食量（个体差异很大）。在23℃以上，每升高1℃，日采食量就会减少150 ~ 300 g。

·泌乳量下降。

·断奶仔猪重及平均日增重均下降。

·断奶时母猪身体状况恶化。

·断奶至发情间隔增加。

·下一胎产仔数减少。

表2.4 环境温度对哺乳期母猪采食量和体重损失的影响

环境温度（℃）	18	22	25	27	29
采食量（kg/d）	5.7	5.4	5.0	4.5	3.1
体重损失（kg）	23	22	25	30	35
背膘损失（mm）	2.1	1.9	2.7	3.5	3.5
仔猪日增重（g/d）	244	245	233	212	189

注：引自 Quiniou and Noblet J. ANIM. SCI., 1999。

因此，必须安装降温系统以减少或消除哺乳母猪因炎热而受到热应激影响。

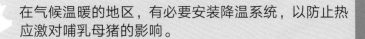

在气候温暖的地区，有必要安装降温系统，以防止热应激对哺乳母猪的影响。

猪场使用的降温系统通过"吸收"来自外界的热量，并在热量进入房间之前将其冷却下来。通过这种方式，如果系统设计良好且规格合理，则可以比外部温度降低4 ~ 10℃。

从技术上讲，这些被称为"蒸发降温设备"，其基本原理是将含有水蒸气的不饱和热空气与液态水接触。湿帘中空气和水之间的分压差导致水以蒸汽的形式转移到空气中，从而降低了气流的温度。

与水接触的空气相对湿度越低，这些系统效果越好。如果外部相对湿度很高，不仅降温效果会下降，还可能由于湿度过大而增加患某些疾病的仔猪数量。

最常用的降温系统有：

a.高压喷雾系统。这些系统通常安装在靠近产房的进气口的过道上。高压喷雾系统可以用在自然通风系统中。但如果配合机械通风系统的气流，高压喷雾系统的效果更好。系统需要定期维护和清洁，以防止堵塞或喷嘴喷水过多，导致系统失效。

b.湿帘降温系统。湿帘安装在蒸发冷却系统中。通过一个独立的闭合水路连接到一个水箱上，包括一个用于保持恒定水位的浮阀和一个从水箱中将循环水分配到湿帘中的水泵（图2.43）。

湿帘厚10 ~ 15cm，通过湿帘的最大气流速度必须是1.25 ~ 1.75m/s。根据降温需要，可以只安装1块湿帘，或将3块湿帘拼成一个封闭的立方体，增加与空气的接触面。

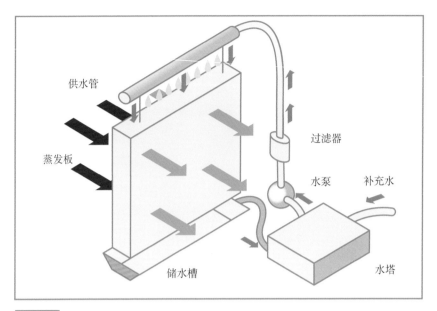

图2.43　湿帘降温系统的组成（引自Blanes-Vidal V. and Torres A. G. Diseño y evaluación de la calefacción y de la refrigeracion. In: Forcada F., et al. Ganado porcino. Diseno de alojamientos e instalaciones. Editorial Servet, Zaragoza, 2009）

　　根据降温需求和需要降温房间的功能，这些湿帘通常安装在通向主通道门所在的外墙上（图2.44）。如果使用中央通风，湿帘也可安装在对面的外墙。在过道两侧都有房间的猪舍，则安装在过道上方的屋顶上。

图2.44　安装在外墙的湿帘降温系统

如果检测到产房传感器超过设定温度，降温系统会自动启动。

湿帘应定期清洗，以清除石灰沉积，并应进行适当维护，否则，湿帘将会失效。一些猪场会在炎热季节过后将湿帘拆卸并贮存。建议湿帘避免阳光直晒和雨水直接冲刷。

c.滴水降温系统。在湿度较高的地区，蒸发降温系统的效率较低。母猪躺下时，滴水降温系统可以在母猪颈部间歇滴水（系统间歇交替开启或关闭）。

关于在特别寒冷情况下，仔猪的温度需求、保温板、保温灯和教槽区盖板的使用已经得到讨论（参见仔猪的保温区域）。

2.4.2　通风

通风可以对产房内进行换气，从而避免过度潮湿和有毒气体的积聚。这些有毒气体会伤害产房内的猪和工作人员。此外，通风有助于达到动物需求的舒适温度范围。

产生的主要有害气体（表2.5）包括：
· 窒息气体：二氧化碳和甲烷。
· 刺激性气体：氨。
· 有毒气体：硫化氢和一氧化碳。

通风不仅能消除有害气体（对动物产生危害的浓度为2.5 g/m^3），还能消除悬浮液中的异味和灰尘颗粒。

安装的风机数量、位置和技术特性取决于在最极端的条件下产房需要的最大通风量。在冬季应在不造成房间温度过度下降的情况下，实现最低通风运行以达到所需的最小通风量（表2.6）。

猪场有两种通风方式：自然通风和机械通风。

表2.5　有害气体性质及产生的生理影响

性质	CO_2	NH_3	H_2S	CH_4	CO
类型	窒息气体	刺激性气体	有毒气体	窒息气体	有毒气体
比重 (g/L)*	1.98 / 1.53	0.77 / 0.58	1.54 / 1.19		1.25 / 0.97
颜色	无色	无色	无色	无色	无色
臭味	无味	辛辣	臭鸡蛋味	无味	无味
允许最大浓度	1 500～2 000 ppm**	50 ppm	10 ppm	1 000 ppm	50 ppm

对猪的生理影响

CO_2

浓度	结果
30 000ppm	呼吸速度增加
40 000ppm	嗜睡，头疼
60 000ppm	持续30min：窒息的迹象
300 000ppm	持续30min：死亡

NH_3

浓度	结果
150 ppm	生长延缓
400 ppm	气管和喉咙的刺激
700 ppm	眼睛刺激
1 700 ppm	咳嗽与喘息
3 000 ppm	持续30min：窒息的迹象
5 000 ppm	持续40min：死亡

H_2S

浓度	结果
100 ppm	持续几个小时：眼睛和鼻子的刺激
200 ppm	持续60 min：头疼 头晕
500 ppm	恶心、烦躁、失眠
1 000 ppm	失去知觉，甚至死亡

CH_4

浓度	结果
500 000 ppm	头疼

CO

浓度	结果
500 ppm	持续60min：无影响
1 000 ppm	持续60min：不舒服，但是不危险

注：*大气中气体的比例。
　　**ppm为非法定计量单位，1ppm=1mg/dm³。

引自Quiles A. and Hevia M.L. Cría y manejo del lechon. Editorial Acalanthis Comunicación y Estrategias, 2006。

表2.6 产房建议的最大、最小通风量

哺乳天数（d）	每头猪最小通风量（m³/h）	每头猪最大通风量（m³/h）
0～8	40～50	180～250
8～15	50～60	180～250
15d至断奶	60～80	180～250

注：引自Marco i Collell. Control ambiental en ganado porcino, 2008。

2.4.2.1 自然通风

现代生产体系中，自然通风系统不推荐在产房应用。在不同的天气条件下，自然通风系统很难全天达到实现最优的温度并保障充足的换气、合理的相对湿度水平和清除有害气体。

但是，一些老旧的中小型农场供电不稳定或没有安装通风系统，只能使用自然通风。

合理的自然通风应注意以下主要方面：
· 朝向和位置是实现最佳通风的关键（日照时间、主要风向等）。
· 隔热性好，避免阳光照射。
· 正确的屋顶坡度。
· 进气口（合适的尺寸）。
· 空间（每只猪为3m³），与其他猪舍间保持足够的距离。

2.4.2.2 机械通风

产房常用的机械通风系统是负压通风系统（图2.45）。

空气通过风机从舍内抽出，风机一般安装在猪舍后部的中央走道或后墙位置的上方屋顶（图2.46）。这样在舍内产生负压，使空气从专门设计的进气口进入。进气口通常是安装在对面墙上（走道位置，图2.47）。这种设计称为错流系统（crossflow system）。

房间较宽时，风机通常安装在中心（图2.48），而进气口安装在两边侧墙上面（图2.49）。

一些设计采用地沟通风的方式。地沟通风可以降低有害气体和臭味的浓度，但如果设计不当，会对新生仔猪产生不利的气流。

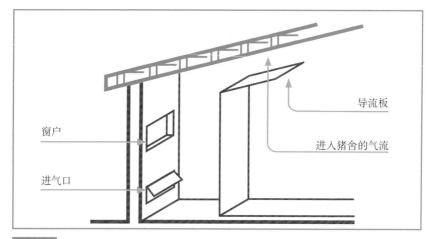

图2.45　进气口设计（引自Escobet J., Collell M., and Marco E. El control práctico del sistema de climatización. In: Forcada F., Babot D., Vidal A., Buxadé C., et al. Ganado porcino. Diseño de alojamientos e instalaciones. Editorial Servet, Zaragoza, 2009）

图2.46　风机安装在猪舍后部屋顶

图2.47　走道进气口

图2.48　安装在猪舍中间的风机

图2.49　侧墙进气口

在气候寒冷的地区，空气通过吊顶的多孔表面分布气流，或通过位于吊顶上的进气口分布气流（图2.50）。该系统需要非常精准的调节系统来避免有害气体和冷凝。在通风系统出现故障时，风量会大大减少，容易发生猪窒息。这时需要一个有效的安全和报警系统。

图2.50　在吊顶上的进气口（箭头）

2.4.2.3　通风控制

合理的负压风机位置、进气口设计和尺寸对于整个系统的正常工作至关重要。通风控制系统及其特性各不相同。需要咨询专家根据产房的空间和具体情况，获取安装位置、尺寸和规格的建议。

传统上，有2种控制系统：

a.开关控制，打开或关闭通风。风机以最大速度工作或在设定的时间内关闭。

b.变速通风。保持最低风速。安装产房中间的温度传感器略高于母猪（图2.51）。当测量到的温度上升时，风速逐渐增加，直到最大风速。

现在的一些设计可以在哺乳阶段按预设的通风曲线来控制通风，而且可以根据不同季节调整设置（图2.52）。此外，这些系统可以自动调整进气口的开口大小，以保持恒定的空气流速（推荐值为1.5m/s）。排气管的开口也可以自动调节。

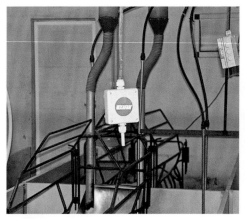

图2.51　温度探头

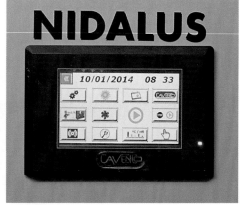

图2.52　环境控制器

　　如果猪活动高度的风速过高，仔猪可能会受凉，并增加呼吸道疾病的发病率（表2.7）。最先进的控制器还可以调节仔猪保温板的温度，或在必要时打开降温系统。对在产房中使用这类环境控制设备的人员进行全面的培训是非常重要的。这些控制器效果很好，但有些操作过于复杂，需要根据动物的不同需求不断地进行修改。一些猪场可能会发现个别控制器的温度曲线是为前一个哺乳期设置的，没有及时得到调整。

表2.7　猪活动区域最大风速

动物类型	冬季最大风速（m/s）	夏季最大风速（m/s）
种母猪和种公猪	0.2	0.7
产房仔猪	0.1	0.3
保育仔猪	0.1	0.4
育肥猪	0.2	0.5

　　注：引自Martín C. y Moreno R. Producción porcina: aspectos clave. Ed. Mundi Prensa, Madrid, 1999。

2.4.3　环境控制设备

　　建议在猪场里安装一些经济实用的设备，帮助我们定期确保通风和供暖系统正常工作。

2.4.3.1 红外数字温度计

测量保温板和仔猪休息区的温度是非常重要的（图2.53），这可以帮助更好地调整温度，因为在设定的目标温度和实际获得的温度之间有时存在几度的差异。

2.4.3.2 温度和相对湿度计

市场上有很多效果不错的温度和相对湿度计。设备要挂在舍内与猪相同

图2.53　用红外数字温度计测量保温板温度

的高度，该设备在特定的时间间隔（10 ～ 15min）测量数秒的温度和相对湿度。数据可以下载到电脑上，查看整个时间段的温度和相对湿度曲线，这样就可以检查环控设置是否有效。

2.4.3.3 风速计

风速计体积小，易于操作，可以测量进气口以及猪活动高度的风速等。

2.4.3.4 气体分析仪和烟雾弹或烟雾发生器

这可以作为补充手段来检查猪舍空气分布是否合理，通常在猪舍初次启用之后就不会再使用这些设备检测了。应当牢记，随着时间的推移和设备的密集使用，可能会出现未发现的错误设置，从而降低系统的性能。

随着时间的增加以及设备的频繁使用，设备可能会出现故障，建议每6个月对设备进行一次彻底检查。对设备、导流板、风机、进气口等进行维护和日常清洁也是持续实现正常供暖、通风和空气调节的基础。

3

产房管理：
批次分娩

3.1 引言

养猪业的革新之一就是根据母猪不同的生理阶段对养猪设施进行专门设计。

过去，母猪在同一个地方完成它的整个生产周期，包括妊娠、分娩以及哺育仔猪。现在母猪的每个生理阶段都有适应其生理需求的专用猪舍。

此外，产床是整个猪场最昂贵的设备，产床的数量要依据批次中母猪数量的增加而进行调整。在许多猪场，产房成为了真正的"瓶颈"，这些猪场往往没有足够的产床来使用最合适的批次分娩方法，因为这些方法所需要的分娩场所比生产母猪总数多24%。对于一些高产品系猪，由于奶妈猪的使用，这个数字甚至高达28%。

为了尽可能最大程度利用产床，建立了均衡化生产的批次并且应用了批次分娩法。

批次生产的目标：
- 充分利用猪场的设施。
- 实现均衡生产模式。
- 实现高效的工作安排。
- 确保产房清空以彻底清洗消毒（全进全出）。
- 提高猪群整体健康状态。

3.2 批次分娩

3.2.1 批次的概念

一个生产批次是指一组处于相似生产阶段或生理阶段的动物，例如，一群即将分娩的母猪；一群即将断奶的母猪或一群日龄相近的生长猪。可以看出，批次的概念与时间相关。

断奶是决定如何建立批次的关键事项。利用母猪多在断奶后第4～6天（图3.1）发情的特点进行配种，以获得均匀的分娩批次。关键点是确保大部分母猪在同一时间断奶。

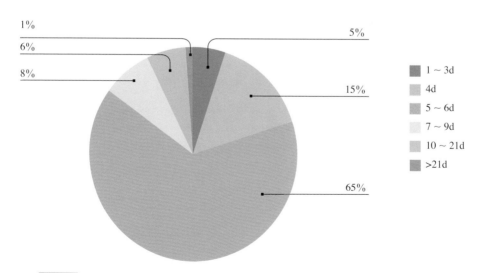

图3.1　猪群断配天数所占比例（引自Rodríguez-Estévez. El anestro y la infertilidad estacional de la cerda. Editorial Servet, 2010）

猪场通过对每个批次补充后备母猪，来保证每一批次母猪数量的稳定。

理想情况下，不同批次的数量应该始终相似，以尽可能充分利用猪场设施，具体数量先前已经计算。

根据这些批次的分组方式，我们将讨论1周、2周、3周或4周批次生产。每个猪场理想的批次分娩方法的选择取决于猪场自身需求及其设施设备。它将决定猪场管理的许多方面，如哺乳期的长度、返情母猪/奶妈猪/后备母猪的管理。为了计算一个猪场可以使用的批次数量，可以使用下列公式：

批次数量 =（妊娠期+哺乳期+断配天数）/批次间隔天数

掌握猪场母猪群的批次数量对于猪场的正确管理是至关重要的。

3.2.2 周批次分娩

周批次分娩方法是猪场最常见的方法。绝大多数大型猪场都使用这种方法，因为它允许分娩目标存在一定的偏差，是最灵活的方法。此外，相比于计划性断奶方式，使用该方法可以提前或延迟母猪的断奶。

3.2.2.1 特点
· 根据21d或28d的哺乳期长度，猪场的最终批次数量为21 ~ 22批（图3.2至图3.4）。

· 基于每周固定的配种目标来获得周分娩目标（图3.3）。

· 每一批次的配种、分娩和断奶都在同一周内进行，断奶日（通常是周四）决定了1周内每天的工作任务，而在规模较大或分娩场所不足的猪场，在同一周内可能有好几天的断奶。

· 由于每周都会重复场内所有的重要任务，因此，可以很好地安排工作。

· 仔猪可以在21日龄断奶，也可以在28日龄断奶，甚至可以为了达到完全清空产房的目的而选择不同的断奶日龄进行断奶。

· 如果饲养了高产品系的母猪，这是配合奶妈猪使用的最佳管理体系。

· 因每周都有配种计划，返情母猪始终随某个批次一起配种。

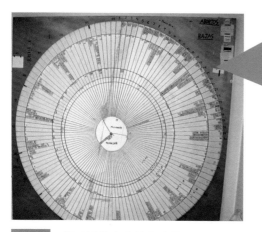

图 3.2　用于周批次分娩方法的圆形日历。外圈与产房的母猪相对应，内圈对应的是妊娠母猪

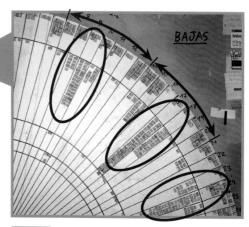

图 3.3　用于周批次分娩的圆形日历的具体信息，箭头指向代表 7d 的时间

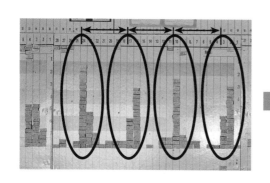

图 3.4　用于周批次分娩方法的线性日历。日历上的每一块空格都对应 1 头母猪。每个批次之间间隔 7d。因断配天数的原因，即将成为某个批次的母猪在 2 个期间进行配种，配种的持续时间大约为 2d

　　目前，欧盟动物福利保护要求仔猪在 28 日龄断奶，此时它们更强壮，能更好地适应过渡阶段。同时，猪场规模越来越大，新的高产品系随之出现，从而要求在产房采用特殊的策略——使用大量奶妈猪，产房将周批次分娩方法转变为最能满足当前猪场需求的方法。

　　　　周批次分娩方法是最能满足当前猪场需求的方法。

3.2.2.2 周批次分娩及 21 日龄断奶

产房的周转时间为4周（图3.5）。

· 母猪提前0.5周进入产房。

· 3周的哺乳期。

· 0.5周的时间用于清洗消毒。

3.2.2.3 周批次分娩及 28 日龄断奶

产房的周转时间为5周（图3.6）。

· 母猪提前0.5周进入产房。

· 4周的哺乳期。

· 0.5周的时间用于清洗消毒。

尽管周批次分娩是目前最普遍和实用的方法，但在某些情况下，选择一种不同类型的批次分娩方法可能会很有趣。尤其是在一些小猪场，需要大量日龄和体重相近的猪，用于填满1个育肥单元或者提高猪场的工作效率。

间隔1周以上的批次分娩方法通常需要更多的分娩和妊娠场所。但由于产房的空栏时间更长，通常有利于改善猪场的健康状况。

3.2.3 2周批次分娩

该方法仅适用于母猪存栏少于800头的猪场。产房的大小应允许连续使用4周。21日龄断奶。每2周分娩1批，因此，在产房中将会有2批次同时进行生产。

特点

· 总共10个批次。

· 事先组织安排好工作，主要的任务是在1周内进行断奶，在下一周进行配种与分娩。

· 该方法的主要问题是母猪的规则返情（18 ~ 24d），这些母猪与配种周无法保持一致（图3.7）。

· 当建立奶妈猪时，应该记住，当前批次中的大部分仔猪要比下一批次中的仔猪大15d。那些在两个批次之间配种或延迟发情的母猪将被作为奶妈猪使用。

· 尽管该方法所需的哺乳期很短并缩短了清洗消毒的时间，违背

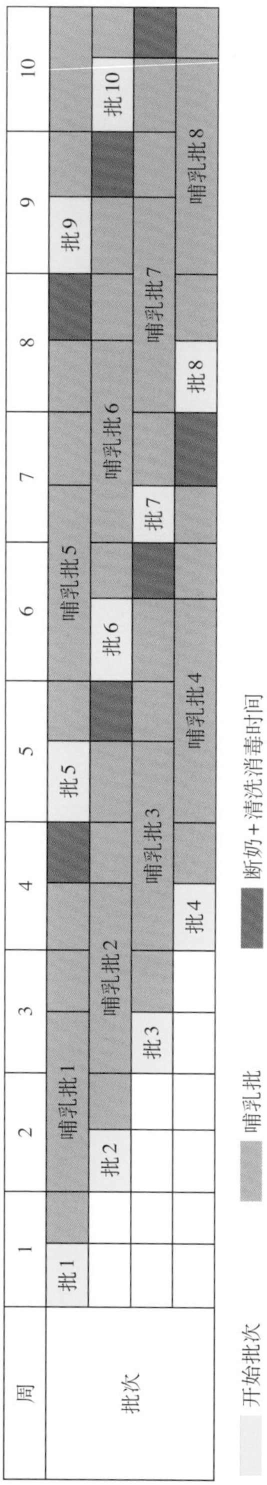

4周一个循环

周	1	2	3	4	5	6	7	8	9	10
批次	批1	批2	批3	批4	批5	批6	批7	批8	批9	批10
		哺乳批1	哺乳批2	哺乳批3	哺乳批4	哺乳批5	哺乳批6	哺乳批7	哺乳批8	

■ 开始批次　　■ 哺乳批　　■ 断奶+清洗消毒时间

图3.5 21日龄断奶周批次分娩方法图表

5周一个循环

周	1	2	3	4	5	6	7	8	9	10
批次	批1	批2	批3	批4	批5	批6	批7	批8	批9	批10
			哺乳批1	哺乳批2	哺乳批3	哺乳批4	哺乳批5	哺乳批6	哺乳批7	哺乳批8

■ 开始批次　　■ 哺乳批　　■ 断奶+清洗消毒时间

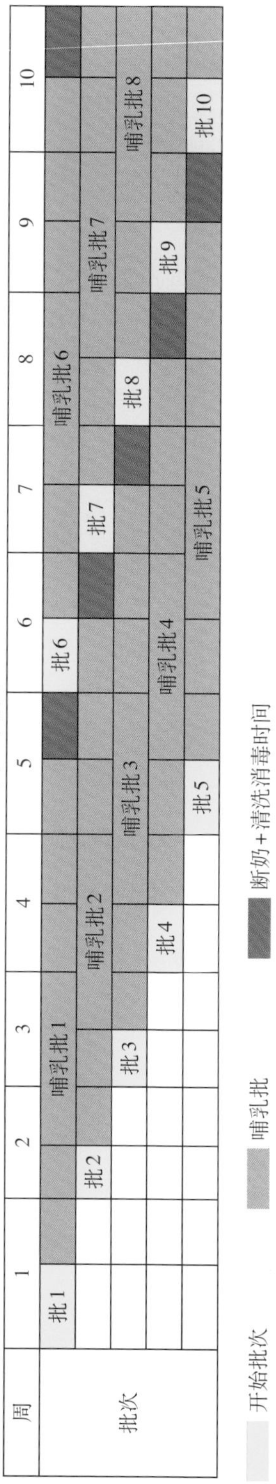

图3.6 28日龄断奶周批次分娩方法图表

了当前有关动物福利和健康目标的欧盟法律法规，但该方法能使产房的生产性能最大化。

· 使用这种方法时，建议用一个额外的产房来饲养奶妈猪以及在不同批次间配种的母猪。

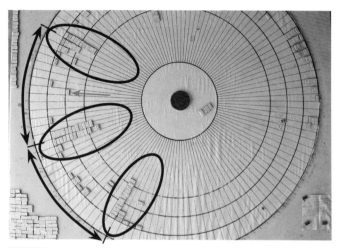

图3.7　猪场内用于2周批次分娩方法的圆形日历，蓝色箭头表示因21d规则返情，其中1头母猪配种节律被打乱

2周批次分娩模式，通常在仔猪21日龄时断奶。使用该方法的猪场通常都比较老旧，且规模较小，往往没有适合每4周断奶1次的产房（图3.8）。

该套系统实行28日龄的唯一方法是必须至少要有可供6周使用的分娩栏舍。在这种情形下采用3周批次分娩的模式更为合适，所占用的分娩栏舍数量是一致的，但其更有利于工作安排。

3.2.4　3周批次分娩

在不同批次分娩方法中，3周批次分娩方法是这些方法中最好的，由于其每周都只致力于一项主要任务：配种、分娩和断奶，因此，其最有利于工作安排。这种方法的断奶日龄为28日龄（图3.9）。

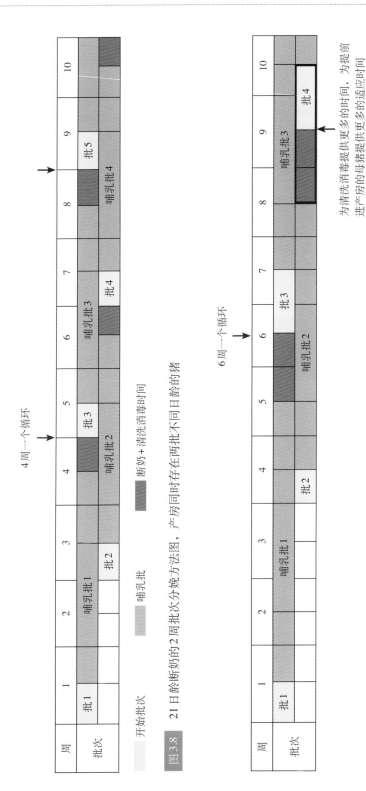

图3.8　21日龄断奶的2周批次分娩方法图，产房同时存在两批不同日龄的猪

图3.9　28日龄断奶的3周批次分娩方法图，两个批次间隔3周

特点

·总共7个批次。

·该方法的主要不便之处是需要大量分娩场所，因为在分娩舍中会同时有两个批次的猪群存在。此外，由于在两个批次之间有3周的时间间隔，通过计算可知分娩栏应配套6周使用量。这种方法也需要大量的补栏区。

·在这种情况下，母猪的规则返情不会成为问题，返情的母猪将在配种周进行配种（每21d）。

·这套方法在奶妈猪的管理方面会相对困难，因此，非常有必要提供一个额外的产房来饲养这些节律外配种的母猪。

3.2.5　4周批次分娩

该方法是专门推荐小猪场使用的。在产房中只存在1个批次的猪群。整个批次实现同时分娩、同时断奶，且可以在产房中做到全进全出（图3.10）。

特点

·总共5个批次。

·在工作安排上，与2周批次分娩方法是一致的：配种与分娩发生在相同的周。

·规则返情的母猪无法在配种周完成配种。

·由于大多数母猪都在同一时间分娩，因此，管理奶妈猪变得十分复杂，因为所有母猪都处在同一哺乳阶段，不能采用"级联式"或"分流式"寄养方法*。

·需要大量的补栏区。

3.2.6　5周批次分娩

这种方法建议用在很小的猪场。它与4周批次分娩方法相似，其优点在于断奶日龄有更大的灵活性（图3.11）。

---

* 这种技术方法有利于培育几日龄内的仔猪，哺乳母猪也正值泌乳高峰期。这种技术要求仔猪约在21日龄断奶，这样母猪就可以用于哺乳14日龄的未断奶仔猪，至21日龄断奶，如此循环，直至该母猪哺乳1周后可以培育新的初生仔猪。

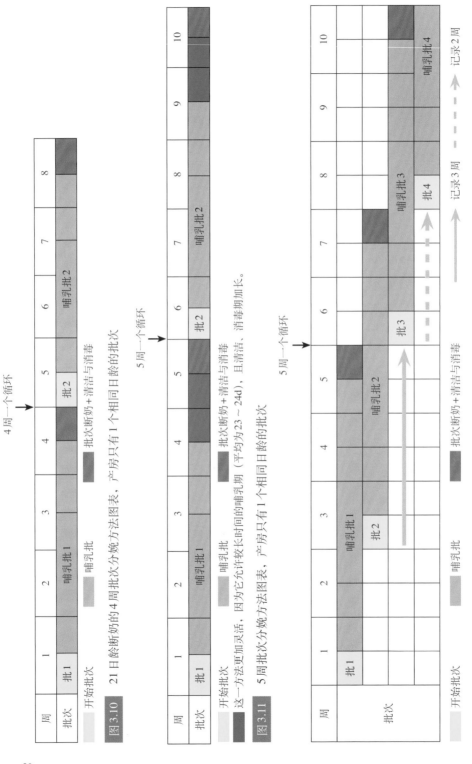

图 3.10　21 日龄断奶的 4 周批次分娩方法图表，产房只有 1 个相同日龄的批次

图 3.11　5 周批次分娩方法图表，产房只有 1 个相同日龄的批次

图 3.12　3 周批次分娩和 2 周批次分娩交替法图表

特点
· 总共4个批次。
· 工作安排与3周批次分娩方法一致。
· 可以21日龄或28日龄断奶。
· 从生物安全角度来看，这是一个非常高效的方法，因为有充裕的时间清洗消毒产房。
· 这种方法的奶妈猪管理将会非常困难。
· 同样需要大量的补栏区。
· 规则返情的母猪将在节律外配种。

3.2.7 3周-2周批次分娩

3周批次分娩和2周批次分娩交替应用，是一种新的批次分娩管理方法（图3.12）。这种方法的好处在于它可以实现产房的周转时间为5周。

特点:
· 猪场里共有8个生产批次。
· 每28日龄断奶1次。
· 同3周批次分娩方法相比较，这种方法的产房利用得到了更好的优化。
· 由于产房同时存在2～3周龄不等的两批仔猪，导致奶妈猪难以配备。
· 在工作安排上，与2周批次分娩方法相一致：配种与分娩发生在相同的周。

表3.1概述了不同类型的批次分娩方法和主要任务。

表3.1　批次分娩的任务安排表

周	周批次分娩	2周批次分娩	3周批次分娩	4周批次分娩	5周批次分娩 (21日龄断奶)	5周批次分娩 (28日龄断奶)	3周-2周批次分娩 (28日龄断奶)
1	配娩断	断	断	断	断	断	断
2	配娩断	配娩	配	配娩	配	配娩	配娩
3	配娩断		断	娩	娩		

（续）

周	周批次分娩	2周批次分娩	3周批次分娩	4周批次分娩	5周批次分娩（21日龄断奶）	5周批次分娩（28日龄断奶）	3周—2周批次分娩（28日龄断奶）
4	配娩断	配娩	断				断
5	配娩断	断	配	断			配娩
6	配娩断	配娩	娩	配娩	断	断	断
7	配娩断	断	断		配	配娩	配娩
8	配娩断	配娩	配	娩			
9	配娩断	断	娩	断			断

注：配：配种；娩：分娩；断：断奶。

引自 Casanovas C. 2010. www.3tres3. com/manejo_en_bandas/beneficios-del-manejo-en-bandas-superiores-a-una-semana_2997/。

3.3 产房的周转

产房的周转是提高猪场设施利用效率的指标，是一批母猪进入产房到一批新的母猪进入同一产房所持续的时间，包括进产房、分娩、哺乳、清空和清洗消毒房间的全过程。

越来越多的高效猪场倾向于延长哺乳期。理想情况下，仔猪应该在28日龄生长速度和断奶重都比较合适时断奶，这将更好地帮助仔猪度过断奶期，并能取得更好的经济效益。已有研究表明，通过母乳哺育使仔猪增重1kg比饲喂饲料更经济。此外，较长的哺乳期使分娩后母猪子宫得到更好的恢复，这有利于提高繁殖效率。所有这些方面都对4周龄断奶仔猪的成本产生积极影响。

人们认为理想状态下，产房应该具备5周的周转时间：4周的哺乳期和1周的空栏、清洗、消毒以及进产房时间。因此，使用周批次分娩法的猪场单个批次的规模可以通过产床数除以5来计算，除以6则是使用3周批次分娩法时的单个批次规模。其他类型的批次分娩方法，在没有减少生产母猪存栏或增加产床数量的情况下，很难延长哺乳期。

许多使用高产品系母猪的猪场为了预留产房、产床并引入奶妈猪，将同批次母猪数量减少15%～20%。在这种情形下，最好增加15%～20%的产床，这样就不会浪费猪场里的其他设施。

> 理想情况下，仔猪应该在28日龄时断奶，且产房周转时间为5周。

3.4 分娩与配种目标

影响猪场生产成绩的一个重要因素是保持均衡批次生产的能力，也就是说，每一批次都要达到分娩目标。因此，一定要达到配种目标，以便后续维持固定的分娩数。

对于每一个猪场，养猪生产者应该非常清楚他们的配种目标，这取决于他们所采用的批次分娩方法和该猪场的分娩率。表3.2给出了1个案例。

表3.2 750头生产母猪场分娩率与配种目标的关系

根据预期的分娩率，每周分娩36窝对应需要配种的母猪数量							
分娩率（每100次配种的分娩数）	70%	75%	80%	85%	90%	95%	100%
每周配种数	51	48	45	42	40	38	36

达成配种目标的母猪主要来自这几个方面：

a.断奶母猪：每一批次的规模已知，因此，很容易预测断奶母猪的数量。生产效率低下、繁殖性能差和老龄等准备淘汰屠宰的母猪，在断奶后必须从该批次母猪中扣除。

b.返情母猪：它们所占的比例一般较稳定，其变化取决于不同猪场和季节的分娩率。

c.后备母猪：后备母猪的配种量通常决定了配种目标能否完成。因此，尽可能多地了解这些猪的信息很重要（理想的首配日龄、体重和上一次发情日期等）。

为达到这个目的而采取的具体管理措施将在本章后面进行介绍。

配种目标显示了每个猪场的生产效率。以下的公式用于确立配种目标：

目标配种数＝目标分娩数/分娩率×100

建议猪场使用能清晰显示配种目标的记录表（表3.3）。

表3.3 配种目标记录表

场名:												
月份:												
配种目标												
周		配种数量	妊检阳性		返情数量		流产		分娩		断奶	
			第1次(24 d)	第2次(35 d)	规则返情(21~42d)	不规则返情(30~33d)	窝数	妊娠天数	窝数	总仔数	窝数	总断奶数
	断奶											
	后备											
	返情											
	断奶											
	后备											
	返情											

3.5 达成配种目标

为了达成配种目标，需要采取多种与后备猪有关的管理措施，详见下文。

后备母猪的利用率对于达成配种目标和建立必要的批次至关重要。因此，应该预先估计所需要的后备母猪总量。这可以通过预测母猪更新率来实现，为此，应提前制定生产母猪的年更新率。许多种猪场管理软件都可以计算该指标（图3.13和图3.14）。

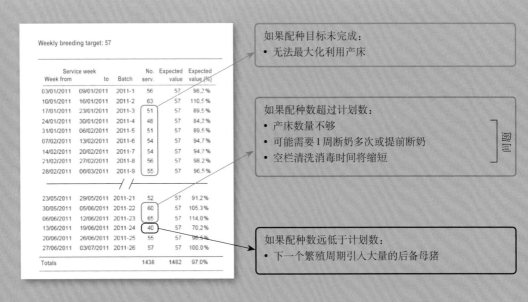

图3.13 利用种猪管理软件制定的周配种目标计划。对比场内实际配种数与预期配种目标间的差异

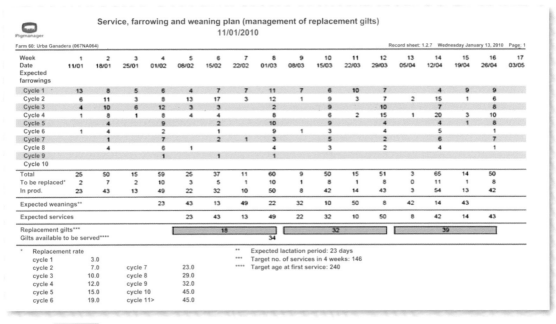

图3.14 用种猪管理软件制订的更新计划

一旦后备母猪进入猪场，就必须确保它们进入发情状态（与公猪的身体接触通常是诱导后备母猪进入发情期最有效的方法）。知道确切的发情日期对于批次的补充是至关重要的。为此，会采用不同的管理策略（有的时候是互补的）。

3.5.1 发情记录表

通过这个发情记录表（表3.4）可以知道后备母猪的首次配种日期和预计引入批次中的后备母猪数量。当后备母猪还处于隔离状态时，就应每天进行诱情。通常当后备母猪发情时，就会给它们佩戴繁殖耳牌，每头猪都有1个编号。在笔记本上记录每头后备母猪的耳号和开始发情的日期。后备母猪在第2次发情3周后进行配种。这种方法通常适用于每一批次只更新少量后备母猪的小型猪场。

表3.4　第3次发情时配种的记录

场名：			
日期：			
母猪耳号	第1次发情	第2次发情	配种
201	06/05/13（第19周）	28/05/13（第22周）	第25周

3.5.2 三色系统

这种方法很直观，易于应用（图3.15）。发情母猪每周用不同颜色（红色、蓝色和绿色）的喷漆标记数字"1"～"7"，这些数字代表该母猪在1周当中的哪一天发情。例如，母猪第1周发情则在背上打上红色标识；如果它在周一发情则打上"1"，若是周二发情则打上"2"，周三发情则打上"3"，以此类推。蓝色标记用于下一周，绿色则用于下下周。如此，能够非常直观的知道有多少母猪将进入批次当中，也可以知道它们大致会在什么时候发情，以及它们是否需要进行激素处理以进入批次当中。

3.5.3 激素治疗

将后备母猪引入一个批次中的最佳选择是用自然发情的方法并结合前面各节中介绍的方法。但是，当与公猪接触无效时，或者需

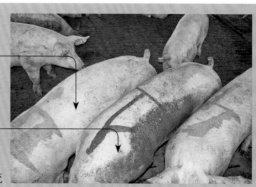

4号母猪：在第2周的
星期一发情

1号母猪：在第3周的
星期四发情

图3.15　三色系统

要在特定时间引入后备母猪以调整批次中的母猪数量时，可以采用激素处理的方法以维持批次的大小。主要有两种处理方法：

3.5.3.1　促性腺激素

孕马血清促性腺激素（PMSG）和绒毛膜促性腺激素（HCG）负责卵泡的生长发育，通过肌内注射的方式同时给猪注射。这些激素被用来诱导卵泡发育（当卵泡未发育时）或促进卵泡生长。

3.5.3.2　人工合成的孕酮衍生物

孕酮负责阻断那些促进新卵泡成熟的激素，从而使母猪开始发情。它的功能是阻断新卵泡生长和促卵泡激素（FSH）、促黄体生成素（LH）的分泌，从而使母猪发情。因此，用人工合成的孕酮衍生物处理母猪几天，随后停止处理，这有利于后备母猪的发情。通过口服方式给药进行处理。

当需要在特定时间将母猪引入某个批次中时，可以使用激素，以便在配种周完成配种。激素处理法主要用于那些2周及以上批次分娩的猪场。

· 如果并未监测（后备母猪的）发情记录，在确保后备母猪先前至少发情过2次的条件下，建议至少激素处理18d。必须在配种前22～23d开始激素处理，停药后4～5d，被处理过的母猪会成群的发情（进入发情高峰）。

· 若有进行发情监测，激素处理应该在自然孕酮水平开始下降之前开始（在发情周期的第13～14天）。在卵泡期，当停止激素处理后，将重新开始发情和排卵（图3.16）。因此，需要引进后备母猪的那一批次母猪断奶时，是停止激素处理的最佳时机。后备母猪在停药后4～5d开始发情。这样做降低了激素处理的成本。为了监测发情，并清楚地知道激素处理的开始时间和结束时间，猪舍主管通常应将信息记录在一张表（表3.5）上。

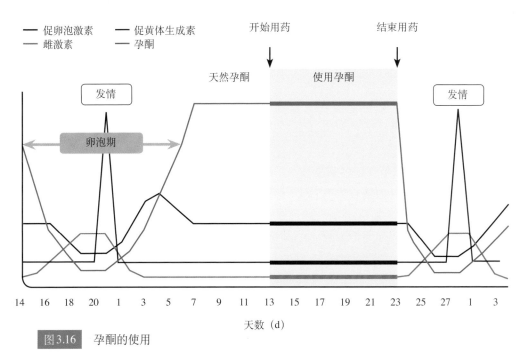

图3.16　孕酮的使用

表3.5　发情和激素处理记录表

			预期情况			
场名：						
日期：						
	母猪耳号	第1次发情	第2次发情	开始处理时间	结束处理时间	配种日期
星期一	461, 435, 423, 412	3/02	24/02	3/03	16/03	26/03
星期二						
星期三						
星期四						
星期五						
星期六						
星期日						

4 围产期母猪的饲喂管理

4.1 引言

现代母猪生产力的提高要求其日粮也发生一系列的改变。生产力改善也增加了对饲喂的需求，因此，必须重新审视传统的母猪饲喂程序。一方面，当母猪的生产成绩每年超过30头仔猪时，各阶段的饲喂程序都需要发生改变，尤其是围产期与哺乳期的饲喂程序。另一方面，通过改善猪群的饲料转化率与饲喂管理策略（如饲料配方、饲喂曲线等）来优化日益昂贵与稀缺的原料比例，从而降低饲喂成本。

母猪饲喂成本是猪场的主要成本之一。每头仔猪总生产成本中大约25%是母猪饲喂成本。因此，需要改变母猪饲喂策略，给予各生产阶段与各类猪群（各日龄后备母猪、经产母猪等、品种与品系）最适宜的日粮，全程利用最佳性价比的饲喂方案，以最大可能节约母猪的饲喂成本，提升母猪的生产潜能，这是至关重要的。

> 适宜的饲喂管理对于优化猪场的利润至关重要。

最新育种品系的母猪乳房发育较好，产奶量高，故需要良好的体况以取得好结果。过去几年，产仔数与仔猪的初生重已显著增加，初生窝重高达20kg，其1/2的增重是在妊娠期后1/3时获得的。今天养猪生产者所饲喂的母猪在繁殖过程中依然持续增加体重，因此，在计算母猪的维持体能能量需求时，必须考虑其日龄。

每个品种有不同的营养需求与采食能力。母猪的饲喂曲线必须与它们的实际需求相吻合。

最后，也需要对母猪的体况进行监控。这也是猪场为了优化饲喂管理，必须常规性执行的管理制度之一。

4.2 营养性目标

在妊娠后期，必须依照适宜的饲喂程序，以满足母猪自身维持与生产的需要。过去几年，因母猪的产仔数增加，对营养的需求也显著性增加。

此阶段饲喂管理的目标：
· 尽可能减少分娩阶段的问题与困难：分娩产程长、便秘、产后无乳综合征（PDS）。
· 避免过度饲喂所引起的问题，导致母猪过胖，初生仔猪的死亡率增加，母猪的产奶量降低等。
· 确保仔猪具有适宜的初生重。
· 确保母猪哺乳期顺利，有助于哺乳期采食量。
· 有助于初乳的产生。
· 确保母猪具有适宜的体况，避免产生分解代谢过程引发酮病。

4.3 妊娠后期与围产期的饲喂需求

母猪的营养需求随着时间、遗传与生产力的改变而改变。母猪对维持自身需要与生产的营养需求也发生改变。同样，对于体重

160kg的后备母猪或体重250kg的经产母猪而言，这方面的需求也不尽相同。根据环境温度、猪群的运动程度与所采用的生产管理系统有关（自由进出限位栏、电子饲喂站等），营养需求也会发生变化。若猪群的生产成绩提升，对饲喂的要求也提高，故应知道猪场的生产力水平。

围产期饲喂管理的变化包括：增加饲喂的次数（从每天饲喂1次母猪到每天饲喂2次或3次），使用2种或3种不同类型的饲料而非1种，增加饲喂量以满足母猪的生长需求。应记住：分娩当天母猪很少进食。

4.3.1 母猪维持自身的营养需求

这些营养需求是为了提供母猪自身新陈代谢、执行各类活动所需能量及提供母猪身体生长与维持所必需的营养物质。它们可分为：

·生存所需的营养需求。对于妊娠母猪而言，此类营养需求占总营养需求的80%。

·体温调节的需求。母猪为了维持自身体温所耗用的营养。其与环境因素高度相关，如母猪舍的温度。

·活动或运动的需求。此类需求与猪的体重及猪舍类型等有关。依据欧洲现行的动物福利法规及新式妊娠母猪群养模式，应记住：相比限位栏饲养，母猪的活动量增加。因此，母猪需要更高能量的日粮，即更高的饲喂需求。

4.3.2 生产需求

为了取得最佳的生产成绩，需通过饲喂提供给母猪所需要的能量与营养物质。需要注意：

·胎儿、子宫及胎衣生长的需求。此类营养是为了满足胎儿生长、胎盘与胎衣的发育需求，约占妊娠期最后2～3周的能量与营养物质需求的50%（图4.1）。图4.2展示了整个妊娠期形成胎儿、胎盘及胎衣的各类组织的生长速度。

此类营养占总营养需求的4%。

·乳房发育的需求。约占总营养需求的1.5%。乳房发育主要发生于妊娠末期与哺乳期。妊娠期饲喂不能导致乳房中含有过量的脂肪，这点很关键。因为这有助于乳房组织的生长，乳房需要消耗脂肪组织以产生奶水。

·母猪生长与体况恢复的需求。此需求主要满足母猪的生长及其体况的恢复。依据断奶时母猪体况，能量与营养的需求有所不同。对于后备母猪而言，其身体生长的营养需求很旺盛。应记住：对于新的遗传品种，这种生长至少持续到第6次分娩（图4.3）。

在妊娠的最后1/3阶段，母猪所需营养主要为满足胎儿与乳房的发育。尤其在最后的2～3周，主要用于胎儿发育。因此，应显著提升此阶段的每日饲喂量。

在妊娠的最后2～3周，母猪所需营养主要用于胎儿的发育。因此，应显著提升此阶段的每日饲喂量。

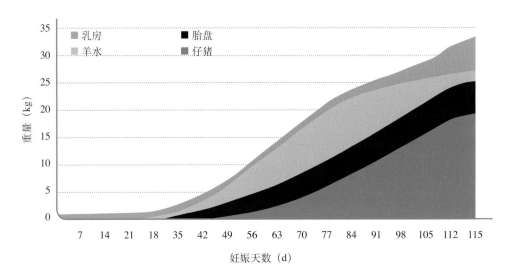

图4.1 妊娠期仔猪、胎盘、羊水及乳房的重量变化（引自 Gil J. Piglet weight at birth. Technical seminar MSD-Inga Food，Lerida. 2014）

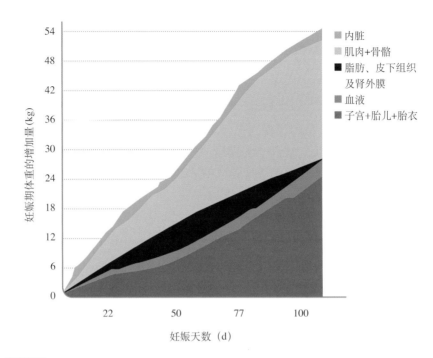

图4.2 妊娠期母猪增加体重的组成成分及各类组织的演化（引自Le Treut Y. Alimentación y nutrición de la cerda gestante I, 2006）

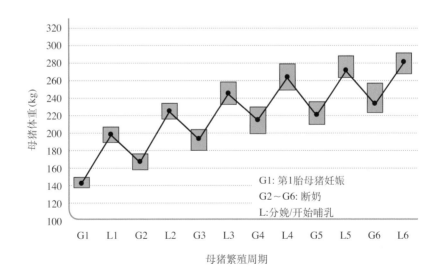

图4.3 根据繁殖周期与日龄，母猪体重的演变（引自 Ramaekers P. Sow feed for mulation and feeding programs, 2013）

4.4 饮水需求

提供新鲜、无异味、适宜温度的饮水非常重要，这有助于母猪获得最大饮水量。关于妊娠母猪饮水量的数据差异很大，平均值是每天10～12L，虽然根据季节及所处的环境温度不同，饮水量的变化区间是6～22L。进入哺乳期后，母猪的日饮水量显著增加至每天30～40L。

应记住：饮水量与采食量呈正比，尤其是使用干料饲喂时。也就是说，低饮水量将导致低采食量。

饮水量与采食量呈正比。

通过以下3种路径满足对水的需求。

a.饮水是最重要的水来源。

b.日粮中的水分。对于液状饲喂而言，是非常重要的水来源，占总采食量的75%。

c.新陈代谢产生的水。在一些重要的生化反应中，水作为最终的代谢物而释放。这部分水无关紧要。

水的微生物学与生化质量会影响母猪的健康状态。尤其应关注饮用水的参数，以确保饮水安全（表4.1）。

表4.1　西班牙母猪饮用水的参数值

	参数	数值
物理-化学指标	pH	6.5～9.5
	浊度	<1 NTU
	盐度	<1 500 mg/L
	硝酸盐	<50 mg/L
	亚硝酸盐	<0.1 mg/L
	硫酸盐	<240 mg/L

（续）

	参数	数值
微生物指标	大肠杆菌	0 CFU /100 mL
	肠球菌	0 CFU /100 mL
	产气荚膜杆菌（包括芽孢）	0 CFU/100 mL

注：CFU 为菌落形成单位；NTU 为浊度单位。

引自 Annex I. Spanish Royal Decree 140/2003 of 7 February, which establishes the quality criteria for water for human consumption. BOE-A-2003-3596。

必须控制饮用水的质量，否则，会产生一些风险：

· 酸性或碱性的饮水，硬度高的饮水：引起水管或饮水系统的问题（腐蚀、形成硬壳）。

· 水中含有高含量的硫化物、硝酸盐、可溶性固体或细菌污染：肠道问题。

· 饮水中含有高含量的硫化物或亚硝酸盐、硝酸盐，硬度很高，水中细菌污染严重，将引起全身性疾病（呼吸道问题、流产、生长缓慢等）。

饮水嘴的水流应充足，以使母猪可轻松喝到足够量的水。最低水流速度是 4L/min，对于多数的高产品系母猪而言，妊娠期适宜的饮水流速是 8 ~ 10L/min。应经常检查饮水嘴的水流速度，以避免水流速度低影响饮水量。

母猪应能利用乳头饮水器或水槽轻松饮水。建议哺乳期的饮水系统应类似于猪场妊娠阶段限位栏的饮水系统。若饮水系统不一致时，应帮助母猪适应，学会从不同类型的饮水系统中饮水。

确保围产期母猪的饮水非常重要。临产前数天内，母猪的饮水量或有所增加。因此，确保分娩过程中的饮水供应非常重要，分娩过程中母猪会大量失水。当临近分娩时，应确保饮水系统处于良好的运行状态。

4.5 妊娠末期与围产期的饲喂管理

胎儿的主要发育发生于妊娠末期。因此，需要为每类母猪设计一种饲喂程序，以确保获得最高的仔猪初生窝重。应避免机体动用所储备的能量，尤其是蛋白质。在此阶段，应增加饲料日供给量。

依据母猪体况决定母猪的饲料量。通常，在妊娠后期，每天应饲喂2.5～3kg饲料。在分娩当天，饲喂量应降至2kg。一旦母猪分娩，采食量应在1周后以最快可能达到6～8kg，考虑哺乳期，哺乳母猪应自由采食，日最大采食量应达到10～11kg。

妊娠阶段每天饲喂1次饲料。在哺乳阶段，每天应饲喂3～4次。在哺乳阶段，为了取得最大采食量，需分多次饲喂哺乳母猪。当环境温度高时，应在1d中最凉爽的时间饲喂：清晨、傍晚及夜间。

在分娩当天，母猪最多采食2kg饲料，虽然对于有些母猪而言，分娩当天不采食是很正常的。分娩时，不应该打扰母猪。若分娩母猪的采食量少，应将饲料移除，并将料槽清理干净。

分娩时母猪会经历明显的生理改变，从妊娠期到哺乳期。这是发生新陈代谢改变的关键时期。母猪开始泌乳，而非是生成胎儿与胎衣，故需要更多的营养物质。

4.6 围产期母猪饲料类型

在围产期，根据母猪的生理状态与猪场所采用的不同饲料运输系统，母猪可采食不同种类的饲料。

通常依据猪场的设施与母猪的分布情况来决策围产期母猪的日粮。妊娠期饲喂妊娠饲料，一旦妊娠母猪转入到产房后，更换为哺乳母猪饲料（表4.2）。

表4.2　临分娩前不同的饲料策略

繁殖周期所处阶段			
妊娠100d内	妊娠100～114d	分娩期	哺乳期
妊娠料	围产期料		哺乳料
妊娠料		哺乳料	
妊娠料	哺乳料		
妊娠料			哺乳料

（注：左侧合并单元格标注"饲料的类型"）

根据各阶段母猪的营养需求及胎儿的生长进行饲料的配制，有针对分娩前的专用饲料。很大程度上根据是否方便在场内给予这些饲料来决定是否使用这些饲料，因为在妊娠舍与分娩舍需要双循环的喂料系统（这对于其他类型的专用饲料的饲喂也是很有帮助的，如后备母猪专用料），或场内具有足够的劳动力以便通过人工来饲喂这些不同种类的饲料。

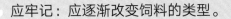

应牢记：应逐渐改变饲料的类型。

因为猪场的工作安排与猪场设备条件，围产期所用饲料一般为哺乳料，因为母猪已经转入到产房，并且使用自动饲喂系统进行喂料。但是，在那些饲养管理程序较复杂的猪场或使用自动双循环饲料传递系统的猪场，母猪可以吃2种，甚至3种不同的饲料，从妊娠料过渡到围产期饲料，或直接过渡到哺乳料。请记住，配制日粮时，应使用类似的原料，以避免母猪出现拒绝采食等问题。

4.6.1　根据生理阶段选择饲料类型

4.6.1.1　妊娠料

妊娠后期妊娠料应能够满足胎儿与乳房生长的营养需求，防止妊娠后期母猪动用体内储存的营养，尤其是蛋白质。

妊娠料属于低能量、低蛋白质的饲料，此阶段母猪会充分利用妊娠阶段的同化作用（表4.3）。

表4.3　围产期日粮的标准营养特征

	妊娠期日粮	产前日粮	哺乳期日粮
净能 (kJ/kg)	8 953.76 ~ 9 414	9 581.36	10 041.6
粗蛋白(%)	12.05 ~ 14.50	17 ~ 18.50	18.00
粗纤维(%)	6.50 ~ 8.00	6.00 ~ 8.00	4.00
钙(%)	0.80	1.00	1.00
可消化赖氨酸(%)	0.45	0.78	0.84
钠(%)	0.20	0.20 ~ 0.25	0.25 ~ 0.30

4.6.1.2 围产期饲料

从母猪转入产房（妊娠100 ~ 107d）至产后3 ~ 4d应饲喂围产期饲料。该饲料有助于母猪分娩及开启哺乳，降低产后无乳综合征发生的风险。

特点：

· 蛋白质含量高。

· 可消化的赖氨酸与苏氨酸含量高。

· 适口性好。

· 为了提高消化性及防止发生便秘，要富含易消化纤维素（如甜菜根浆），这有助于防止妊娠母猪发生糖尿病。

· 电解质平衡低。添加氯化钙有助于提高哺乳期仔猪的成活率，降低母猪的尿道感染发生率。另外，补钙可预防因钙缺乏所导致的母猪后肢瘫痪等问题。

· 其他推荐在围产期饲料中使用的成分：

　· Ω-3脂肪酸。可提高仔猪的活力，延长妊娠期，加快分娩。其是类二十碳烷（花生酸类）的前体物质，有助于免疫系统的发育及肠道的吸收。

　· 香味剂。让胎儿或仔猪通过其母猪（胎教[*]）熟悉这种香味与饲料的味道。可以使用含有茴香的香味剂，也可以使用一些必需脂肪酸。

· 当便秘问题较严重时，建议添加泻药，如0.75% ~ 1%硫酸镁或0.75%氯酸钾。

限制产前饲料使用的一个重要的因素是饲料的给予操作。在一些小型猪场，主要使用袋装料，该饲料会使日常的工作任务更加复杂。在具有两套循环的饲料投予系统，建议在妊娠舍和/或产房使用围产期饲料。

根据Han Y-K等（2009）的研究结果，分娩前5d，每天摄入150 ~ 450g葡萄糖有助于提高仔猪初生重，同时会降低母猪的采食量。

---

[*] 这个术语在心理学和行为学中被用来指在胎儿发育的关键时期发生的认知学习过程。在这种特殊情况下，它指的是在母猪的饮食中添加一种特殊的风味，使母猪通过乳汁传递给仔猪，从而使仔猪熟悉这种味道。这种味道也添加在仔猪的开口料中，以便于仔猪尽快适应新的饲料。

4.6.1.3　哺乳料

相比于妊娠期饲料，哺乳料的能量与蛋白质含量更高（表4.3），因为与胎儿的生长相比，产奶需要更高的蛋白质与能量的摄入。哺乳料需要满足产奶所需的营养，而新品种高产母猪的产奶能力已显著提升。另外，需要维持哺乳期母猪的体况，避免在哺乳后期母猪体况变差。

可将哺乳料用于妊娠后期，但必须防止母猪过肥。

根据每个猪场的设施设备情况进行饲喂管理。添加饲料的目标是最大程度地提高生产效率，降低生产成本（表4.2）。

4.6.2　根据饲料的物理性状进行分类

在西班牙猪场，围产期所饲喂的饲料主要为干料，虽然很多国家，尤其是北欧，经常使用液状料饲喂，因为这有利于添加副产品。

4.6.2.1　干饲料

围产期所饲喂的饲料多数是颗粒料，因为颗粒料添加方便，且有利于避免浪费及方便添加某些副产品。建议颗粒料的平均粒径是3~3.5mm（图4.4）。

为了预防母猪消化性问题或便于添加某些预防性的药物，有时需要使用粉料。但添加粉料相对比较复杂，因为粉料容易产生浪费，且每头母猪的采食量会降低（图4.5）。

图4.4　种母猪颗粒料

图4.5　种母猪粉料

另外一种饲料是糊状的（图4.6），因为有些原料成分使得饲料制粒过程困难，如脂肪。

图4.6　种母猪糊状料

总体而言，饲料颗粒的大小应控制在0.6～0.7mm，若颗粒太细会增加溃疡的发生率，也会增加饲料的加工成本。此外，有些原料不能粉碎得很细，否则，会引起加工问题。

在哺乳舍，母猪料通常通过独立的料槽进行饲喂；也可通过人工饲喂（图4.7）或通过自动喂料器（图4.8至图4.10）；也可以通过漏斗型喂料器实现哺乳母猪的自由采食。但并不推荐使用自由采食的喂料系统，因为无法监控每头母猪的采食量。当母猪掌握了该系统的下料原理时，有时候会造成饲料的大量浪费。

为了将哺乳阶段母猪的采食量最大化，给其提供新鲜的饲料是至关重要的。上次饲喂所剩余的饲料应在下次饲喂之前及时进行清理。因为剩余的饲料与水混合后会发酵。

应该可以很便捷地通过喂料器对喂料量进行调整。时常检查喂料器是否正常运转，应记住：喂料器可调整饲料的投喂量，因为饲料的密度是变化的。故有必要对到达猪场的各类饲料进行称重，以校正喂料器中的饲料量。表4.4展示了饲料体积、密度及对应重量之间的关系。

图 4.7 　由料槽进行人工饲喂

图 4.8 　自动喂料系统（可见喂料器与料槽）

图 4.9 　喂料桶，可见体积的标识

图 4.10 　球型的自动饲喂系统，在放大图中可见具有饲喂球的饲喂器底部特征

饲料的密度是变化的。故有必要对到达猪场的各类饲料进行称重，以校正喂料器中的饲料量。

表4.4　饲料体积、密度与饲料重量的对应关系

原料	密度 (kg/L)	喂料器中饲料的体积（L）			
		5	6	7	8
	0.40	2.00	2.40	2.80	3.20
粉料	0.45	2.25	2.70	3.15	3.60
	0.50	2.50	3.00	3.50	4.00
	0.55	2.75	3.30	3.85	4.40
颗粒料	0.60	3.00	3.60	4.20	4.80
	0.65	3.25	3.90	4.55	5.20

注：引自Casanovas C., 2013。

在妊娠阶段，饲养员应该每天依照饲喂曲线来调整每头猪或每组猪的饲喂器。若通过电子装置来控制饲料的投喂，必须确保设置是正确的且设备运行良好。

4.6.2.2 液态饲喂

利用水、饲料及副产品配制液态料。所选用的原料种类是相当丰富的，可包括副产品（如乳清粉、酿酒的副产品以及土豆加工的副产品等）。在一些猪场周围有这些种类副产品的国家或地区对液态饲喂系统非常感兴趣，因为此方法可降低饲料的成本。

与传统的干料饲喂系统相比，液态饲喂系统的基础设施投入成本较多，且维护成本较高。对了避免因饲料异常发酵对猪群健康产生严重的影响，需要对液态饲喂系统认真护理。多数情况下，需要添加酸化剂。

此系统会增加母猪的采食量，这对于哺乳母猪而言很重要。与干料相比，哺乳母猪的日采食量会增加10%~30%，尤其是在炎热的季节。

有些新型的哺乳母猪液态饲喂系统具有探头，可调整母猪的采食量，避免饲料浪费，也有助于对每头母猪进行个体饲喂（图4.11）。

图4.11　液态饲喂系统 [引自 José Andrés Inigo (INTIA)]

4.7　饲喂曲线

　　为达到母猪精准饲喂管理，有必要根据母猪的日龄、品种及生理状态等对母猪进行个体饲喂。应对每头母猪设置其对应的饲喂量。应根据经产母猪与后备母猪的体况决定其饲喂曲线（图4.12）。

　　应每年至少2次校正饲喂曲线。每个猪场均应根据猪群的遗传特征、猪场设备、季节、技术与经济性及猪群的体况等因素来评估。

　　通常，在分娩前后几天需要严格限制母猪的采食量，但会导致产奶量下降。现在建议在此阶段仅进行稍微的饲喂限制。

　　因分娩前后所用饲料的类型（妊娠料、分娩前饲料、哺乳期饲料）、饲喂的重量及每天饲喂的次数等均会发生变化，故此阶段的饲喂程序调整是至关重要的。

　　从妊娠90d开始，为了防止经产母猪出现异化作用，动用自身储存的能量来满足胎儿与乳房发育的营养需求，每天的喂料量增加0.5 ～ 0.75kg，逐渐增加至3.2kg。也应避免饲喂过多的饲料，避免当母猪转入产房时体重过大，增加难产的风险。研究表明，过肥母猪哺乳期的采食量会降低，从而影响产奶量。

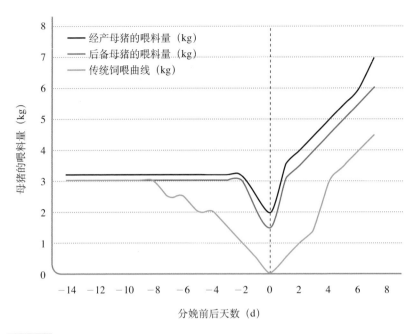

图4.12 正常体况的经产母猪与后备母猪围产期推荐的饲喂曲线与传统饲喂曲线

不能过度限制妊娠后期的采食量，否则，会导致产前出现临床性或亚临床性的酮病，影响正常的分娩过程及哺乳。

所建议的经产母猪饲喂程序也同样适用于后备母猪。应记住后备母猪还有生长方面的营养需求。后备母猪是猪场的未来，必须进行正确的饲喂。有些作者建议：在后备母猪首次配种前2周，将每天的饲喂次数由1次增加至2次，对后备母猪进行优饲，这有助于增加排卵数，提高下个繁殖周期的产仔数。

5 分娩中的母猪和仔猪管理

5.1 产房的准备工作

目的是保证在母猪分娩前对产房进行彻底的清洗和消毒，所有设备可以正常使用，所有助产所需的物品准备齐全。同时，确保分娩所需的所有物资准备到位，保证母猪和仔猪以最快、最自然和最舒服的方式进行分娩。

5.1.1 产房和母猪的清洗消毒

在母猪进入产房之前，应该将地面的所有有机物质清除，并放空和清洗粪沟。接下来，应该彻底清洗产房，特别是墙壁和地面以及所有的设备（料槽、产床、料斗等）。为了彻底地清除有机物的残留，推荐使用清洗剂，能很有效地清除污物（图5.1）。

产房一旦清洗好后，需要放置晾干。这是非常重要的一个步骤，可以有效降低产房内传染性和寄生虫性的病原载量，因为大多数微生物在潮湿的环境中存活得更好。

理想状态下，从母猪断奶离开产房到待分娩母猪进入产房期间，产房应该保持 3 ~ 6d 的空置期。

在母猪上产床前，应该对母猪进行清洗和消毒，可在一个专门设计的指定地点清洗和消毒（图5.2和图5.3），如果没有空地，也可以在产房完成此步骤。

清洗母猪时应该使用中性肥皂和温水。特别要注意清洗母猪乳头、腹部、肛门-生殖区，以清除任何残留的粪污及其他残留物，这些残留物很有可能会作为传染性病原体的传播载体，造成母猪和仔猪发生疾病（大肠杆菌病、渗出性皮炎等）。这个清洗过程还可以防止寄生虫虫卵（如蛔虫虫卵和球虫虫卵）对哺乳仔猪的二次危害。

母猪的清洗和干净的产房环境将在很大程度上预防泌尿生殖系统的感染和乳房炎的发生。

图5.1 使用高压清洗机清洗产房

图5.2 母猪上产床前的清洗区（淋浴细节示例）

图5.3 母猪清洗区（排水细节示例）

在这个时期，也要注意确保产房的所有设备都可以正常使用，尤其重要的是确保产床上的饮水器可以正常使用，有正常的水流速度（最低 4～6L/min）。还应确保产房的仔猪保温板工作正常。

清洗流程：
①清除所有有机物。
②清洗墙壁、地面、粪沟和设备。
③产房消毒。
④产房干燥。
⑤空置期。
⑥进产房前清洗和消毒所有的母猪。
⑦检查物品、饮水器和饮水槽。

5.1.2 待产母猪转入产房

由于母猪的预产期已知，因此，应在预产期前7d内且不晚于配种后110d进入产房。这样可以有效地预防母猪在妊娠舍分娩或由于应激而发生突发事件，当母猪仅在分娩前2～3d进入产房时，会因为没有足够的时间去适应新的设备和新的栏位环境而出现应激。如果按照我们推荐的方法来操作的话，母猪在分娩的时候将会很安静，可避免引起高比例的难产反应。

随着欧盟关于动物福利法的实施，妊娠期饲养在大栏里的母猪对产房限位栏的适应性更差，因为它们不习惯留在限位栏里面。然而，母猪锻炼身体的能力越强，其身体状况越好，产仔越容易，存活的仔猪也越多。

根据母猪预产期来安排母猪进入产房的顺序，同时参考母猪的配种时间及乳头和外阴的临产变化。从而使产房在每个周转期都能取得更佳生产成绩，并且可以更好地监控产仔。

在每一个产房里预留一定数量的空产床是很有必要的，以便转入奶妈猪开展寄养。预留的产床数量取决于母猪产仔性能和每个猪场的寄养方式，通常预留比例为每间产房产床数的5%～20%。

5.1.3 产前管理

便秘（图5.4和图5.5）可能会造成难产，为了促进肠道蠕动和预防便秘，建议每天赶起母猪3～4次。这有助于增加母猪饮水量，并且可以减少尿道感染。

当观察到母猪有即将分娩的迹象时，需要停止这些操作以使母猪保持平静。

在这个时期，要为分娩做好充分准备，必须为仔猪创造最佳的"小气候"：

· 放置一些干纸巾或干燥粉，以使仔猪出生后尽快干燥。

· 建议使用红外线保温灯，最好选用红光灯泡，以确保仔猪出生后可以快速烘干，防止因体温过低而死亡，尤其是在出生后的2～3d内。还建议将刚出生的仔猪尽快放在保温灯下的篮子或框子里，这样就可以正确地烘干仔猪。

· 在预产期前至少24h启动不同的仔猪加热保温系统，使保温板变温暖，提高弱仔成活率。

如果一些母猪有便秘问题（图5.5），可以在饲料中添加硫酸镁（每头母猪每天添加量为75g），或在产仔前1周将饲料中纤维含量增加到6%。

图5.4　正常母猪的粪便　　图5.5　便秘母猪的粪便（和图5.4对比）

安静的产房环境是至关重要的，这样母猪就不会受到应激，并且能在出生的头几天里正确地喂养仔猪。

图5.6展示出母猪福利和分娩难度的关系。

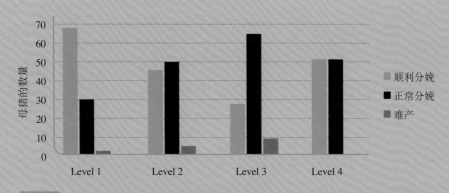

图5.6 母猪福利和分娩难度的关系（引自Lallemand Animal Nutrition, 2012）

Level 1（1级）：母猪很平静。母猪在分娩过程中会侧卧并哺乳仔猪。忽视周围环境并用力分娩而不去关注它的仔猪

Level 2（2级）：母猪趴卧，从而阻碍了仔猪吮乳。关注周围环境并轻咬产床

Leve3（3级）：母猪很紧张，母猪不断起卧。有规律地发出"咕噜、咕噜"的声音，可能还会压死一些仔猪

Leve4（4级）：母猪非常紧张和不安，产下的仔猪会使它紧张，可能会试图去咬仔猪。母猪频繁起立，不允许仔猪吮乳，并且对猪场员工表现出攻击性

5.2 分娩管理

分娩是养猪生产中最为关键的时间点之一。其特点是：对母猪应激很大，新生仔猪被感染的风险高，对仔猪未来的生长发育也非常关键。

管理的关键是保持产房安静的环境，母猪就会很舒服，不会受到应激，对分娩管理的最好建议就是细心监护，减少干预（图5.7）。

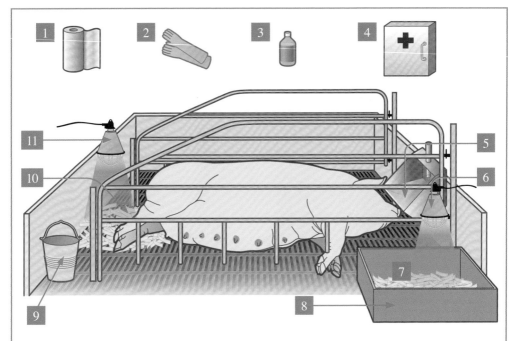

1. 纸巾或者布：用于擦干仔猪，仔猪越干净，越容易抓紧。
2. 一次性长臂手套：用于产检。
3. 润滑剂：产检时润滑产道。
4. 小急救箱：备有催产素、镇痛药、消炎药、抗生素和镇静剂。
5. 充足的饮水和极少的饲料。
6. 仔猪躺卧区的保温灯：吸引仔猪躺卧在保温灯下面。
7. 仔猪躺卧区干燥用的碎纸/干燥粉：快速干燥仔猪。
8. 干燥箱：干燥仔猪并可用于分批哺乳。
9. 分娩桶：用于装胎盘、胎衣和死胎。
10. 干燥的纸巾/干燥粉：降低分娩过程中的热量损失。
11. 母猪尾部保温灯：分娩过程中给仔猪取暖。

图5.7 分娩前必须准备的物品（引自 Van Engen M., de Vries A. and Scheepens K. Pig signals: piglets, 2011）

分娩当天，母猪没有食欲，几乎不采食。一旦分娩结束，应该在几天之内恢复到高水平的采食量。

母猪的饮水也很重要，应该保证母猪每天至少饮水25L（分娩3d前和分娩3d后），因为充足的饮水可以预防母猪发生便秘并确保母猪有良好的产奶量。

正常情况下，母猪分娩是不需要兽医介入助产的。但建议安排称职的护理人员监护分娩过程，这样不仅会降低分娩过程中仔猪的

死亡率，还会降低仔猪出生后数小时之内的死亡率。

> 母猪采食量随着分娩而减少，但应尽快恢复。必须在几天内达到高采食量。

5.2.1 母猪分娩时的理想环境温度

产房良好的环境条件，特别是良好的温度条件，将对分娩过程有着积极的影响。分娩时产房的理想温度为16～24℃，母猪的最适温度为16～20℃。

在炎热地区，产房必须安装降温系统以降低房间温度。相反，在非常寒冷的地区，要避免产房环境温度过低。然而，由于产房有良好的隔热保温层和给仔猪保温的保温板或其他加热系统产生的热量，通常母猪不会受寒。

在特别炎热的时候，建议可以降低仔猪保温板的设定温度值，以免房间的温度升高得太多。

必须对分娩进行控制，以便在环境温度相对较低的清晨分娩。这样可以防止分娩过程太劳累而使母猪的生命受到威胁。同样，另一种方案是安排在晚上分娩，只要有合适和足够的员工值班。

> 产房内不应有任何高于1.5m/s的贼风，通风气流绝不能直接吹向猪体。

5.2.2 催产素的使用

当产程过长时，建议肌内注射催产素促进子宫收缩。30min后可以再次注射，但连续性使用催产素应当非常小心，因为催产素会使分娩过程变得更加复杂，还会过度缩短正常产程而增加死胎数。

推荐剂量为 5 ~ 10IU，建议在颈部肌内注射。用药剂量不能超过此推荐值，因为催产素的效果是短暂的且非常快。如果超过剂量或者在 30min 内重复注射将会产生拮抗反应，子宫肌肉组织将不再高效的收缩，分娩过程可能会被中断。

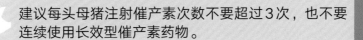

建议每头母猪注射催产素次数不要超过 3 次，也不要连续使用长效型催产素药物。

一旦母猪分娩后，有必要检查其排便是否正常，以免发生便秘，并观察是否有乳房炎 - 子宫炎 - 无乳综合征（MMA 综合征）的迹象，该病症现在更多的称为产后无乳综合征（PDS）。

5.2.3 抗生素、消炎药和其他药物的使用

无论是口服（饮水和饲料）、肌内注射或者生殖道介入的方式，都不推荐预防性的给药。为了达到预防疾病的目的，人们已经滥用药物。有时所谓预防性用药的唯一结果就是让母猪的产奶停止或者肠道菌群结构发生改变。

研究表明，抗生素、消炎药或者阴道清洁用品的使用只能作为猪场常见的特定疾病的一种预防措施。在这种情况下，药物的使用应该只限于疾病持续存在的那段时期（治疗性使用）。

5.3 新生仔猪的护理

仔猪出生时通常全身覆有一层薄薄的胎衣，出生后会自行从胎衣中挣脱出来，因为母猪在产仔后不会去舔舐自己的仔猪。

建议在仔猪出生后就将它们擦干，确保每头仔猪都能吃到初乳。如果新生仔猪的数量比母猪有效乳头数多时，就需要将较大的仔猪放到箱子或者封闭的仔猪休息区域 2 ~ 3h，这样，较小的仔猪就可以吃到足够的初乳，这就是所谓的分批哺乳。

仔猪出生时，胎衣或其他液体的残留物可能会阻塞仔猪的口鼻，

妨碍仔猪的自由呼吸。此时，应该用干毛巾擦拭干净仔猪的口鼻处，以确保它们能正常呼吸。

应该谨记，约70%新生仔猪的死亡是由于仔猪分娩的最后阶段发生缺氧或其他原因妨碍仔猪正常呼吸而造成的。

帮助弱小的仔猪靠近母猪乳头，使其吃到初乳是非常有必要的。另外，为了降低仔猪因体温过低而死亡的情况，建议尽快干燥仔猪并将它们放到保温板上，保温板局部的温度为32～35℃。可以用红外线测温仪检测仔猪的体温是否过低（图5.8）。

> 若保温板的局部温度低于32℃，会增加仔猪因为体温过低而死亡的可能性。

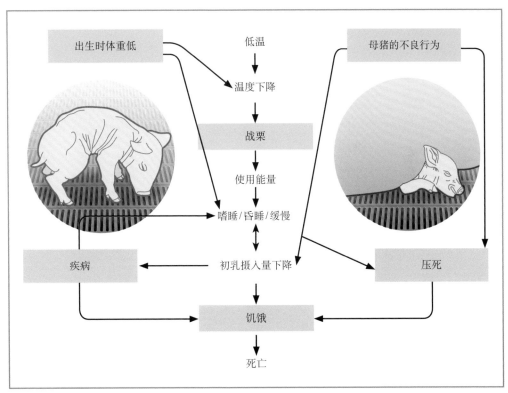

图5.8　体温过低和初乳摄入不足的后果（引自Van Engen M., de Vries A., Scheepens K.Pig signals: piglets, 2011）

千万不要在分娩当天进行断尾、拔牙等操作。最好是在分娩后24h进行仔猪寄养，这是为了促进母源的免疫力通过初乳传递给仔猪。

5.3.1 干燥仔猪

强烈建议用干毛巾或者干燥粉将刚出生的仔猪快速干燥。这一步骤将拯救很多的仔猪，因为仔猪死亡的主要原因之一是体温过低。

在擦干仔猪的同时，去除附着在仔猪身上的胎衣和羊水（图5.9和图5.10）。这个过程包括小心地按摩仔猪，帮助它们慢慢暖和起来。必须小心护理，以免发生擦伤。

图5.9　覆盖有胎衣的新生仔猪　　　图5.10　将图5.9放大后的局部图

为了帮助仔猪呼吸，如果有必要的话，可以提住仔猪的后腿，然后清理口鼻中的黏液。有时甚至需要提着后腿快速甩动仔猪身体，以清除仔猪呼吸道中的液体。

5.3.2 结扎脐带和消毒

建议在产仔后尽快将仔猪的脐带结扎好。此步骤可降低因病原体进入脐带而导致脐带出血的风险。

在一些猪场，因为使用前列腺素引产，脐带出血的现象更为频繁。仔猪受脐带出血的影响更容易患贫血症，甚至导致死亡。

应该在距离仔猪身体约5cm处，用细绳或扎带绑紧脐带，或者用可调节的夹子（如婴儿用的）夹紧脐带。切忌过于靠近肚脐，以免损伤肚脐。最后，直接剪断脐带，最好是在绑扎部位以下剪断（图5.11）。

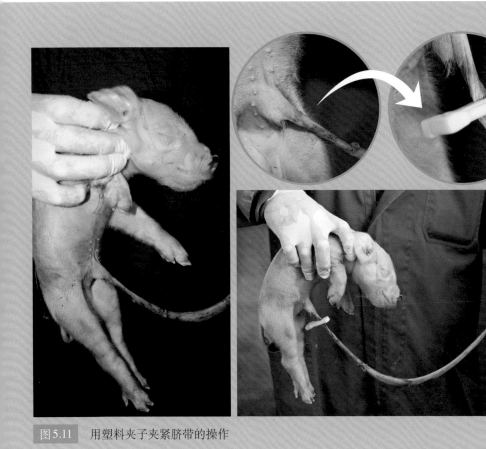

| 图5.11 | 用塑料夹子夹紧脐带的操作 |

有些猪场发生脐疝的比例非常高，当采用这种操作（绑扎并切断脐带）后，脐疝发生比例下降许多。脐疝有时是因为仔猪没有断脐造成的。仔猪拖动脐带，有时踩在上面，甚至会卡在产床中，这些均有可能发生脐疝。脐带绑扎后，最好再用碘酊进行消毒。

仔猪即将出生但仍通过脐带附着在母猪胎盘上时，不应用力拉拽，否则，会增加患脐疝的概率。

5.3.3 仔猪复苏

有些仔猪由于缺氧或难产会出现假死现象。

一般情况下，此类仔猪可以复苏抢救。为使仔猪复苏，必须使空气进入仔猪的肺部。合理的操作是提住仔猪的后腿，向腹部反复弯曲仔猪的身体，与此同时，仔猪的头部朝下（图5.12）。采用这种方式，可以将可能堵在喉咙后方和气管中的黏液顺利排出，使呼吸通畅。

建议再揉搓一下仔猪的腹部，在极端情况下，应进行人工辅助呼吸。

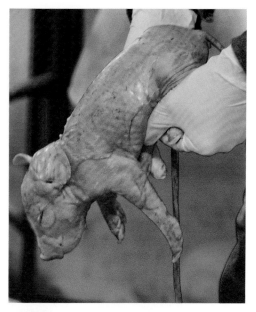

图5.12　新生仔猪复苏操作姿势

大多数仔猪在出生时没有方向感，出现在产床的前端或后端，远离热源。如果它们还没有彻底的干燥，要及时的放置到热源旁边，否则，它们往往会死于体温过低。

在管理非常好的猪场，体温低的仔猪可经过一些处理（包括浸泡在温水中）得以存活。

5.3.4 仔猪初乳的摄入

初乳的摄入是仔猪获得被动免疫并能够抵抗某些感染的关键，因为它们出生在一个充满病原体的环境中，且体内几乎完全没有免疫球蛋白（抗体）。抗体的缺乏是由于母猪的胎盘结构属于上皮绒毛膜胎盘，这种胎盘不允许母源抗体从母体传递给胎儿。由于仔猪不能在出生后的数天内建立起完善的免疫系统，因此，它们必须从母体获得被动免疫。

被动免疫是抗体和特定免疫细胞从母体转移到其后代的结果。由于母猪的胎盘在产仔前不允许这种转移，因此，必须在出生后立即进行被动免疫力的转移。

> 初乳不仅能提供免疫力，而且对于调节和维持仔猪的体温，满足其活动需要和保证其生长发育也至关重要。

仔猪在出生后6h内吃到初乳是很重要的，不仅要保障最大的和最有竞争力的仔猪吃到初乳，而且还要保障最小的仔猪也要吃到初乳。为了这个目的，可以采用分批哺乳的方法。将最大的仔猪放在篮子或箱子里几个小时（2～3h），先让个体较小的仔猪吃到足够的初乳。

> 推荐每千克体重至少摄入100g的初乳。

应当强调，初乳中含有防止免疫球蛋白被仔猪消化的抑制因子。因此，出生后的24h内，免疫球蛋白将被吸收，而其结构不会发生改变。保证仔猪在出生后尽早吃到初乳是很重要的，出生24h后，小肠对免疫球蛋白的吸收能力急剧下降，48h后几乎不能吸收。

综上所述，最佳的初乳来源是母亲的初乳，因为只有它能够将所有类型的抗体和特定细胞传递给自己的后代，而且其免疫球蛋白可以穿过仔猪的小肠壁，而不被认为是外源性物质。

5.3.5　人工初乳喂养

本节描述了人工初乳喂养技术，这是在交叉寄养方法不能使用或母猪死亡等极端情况下才使用的。

母猪产后24h内会分泌初乳。在此期间，可以人工收集初乳，随后将初乳饲喂给由于体重小或无法站立而吃不到初乳的最虚弱的仔猪（图5.13和图5.14）。

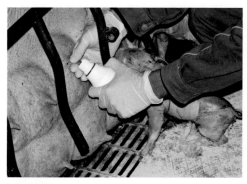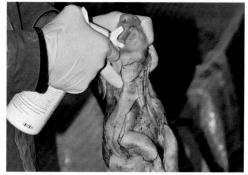

图5.13　员工正在收集初乳　　　　图5.14　员工正在给仔猪灌服初乳

为了从每头母猪收集多达300～500mL的初乳，建议给母猪注射5～10IU催产素。

在某些情况下，必须将初乳冷藏和贮存48h，以便喂养其他窝的仔猪。然而，正如已经解释过的，从其他母猪摄入初乳的仔猪，其免疫球蛋白含量要低得多。

初乳也可以冷冻保存以便长期使用。在这种情况下，必须尽快冻结初乳，而且必须事先用纱布过滤。利用39℃水浴锅进行解冻，以避免免疫球蛋白的变性。

通常，初乳的人工喂养是用特殊的奶瓶进行的，虽然有时会给仔猪插胃管（直径3mm、长度25cm），直接将初乳推注到仔猪的胃里。胃管插入仔猪消化道中的距离不应超过15cm。

灌服过程应该始终尽可能地保持无菌操作。有时每隔1h插管饲喂1次，最多需要饲喂3次。

> 每次灌服时，应该灌服约20mL的初乳。

有些猪场使用深部输精管进行胃插管。这些做法多处于试用阶段，一般在猪场不做常规使用，除非在极端的情况下或有特殊管理措施的猪场里，因为这些问题大部分都可以通过奶妈猪来解决。

5.4 分娩期间有攻击性的母猪

母猪在分娩过程中为了保护仔猪会本能性地变得具有攻击性。

有些母猪，特别是头胎的后备母猪，在分娩时变得非常紧张，甚至对其亲生的仔猪都有攻击性，甚至会吃掉自己的仔猪。表现出这种行为的母猪在哺乳期结束后必须淘汰（安乐死）。在此期间，给这样的母猪注射镇静剂，让其安睡，使产房保持一个安静的环境。

一旦母猪安静下来，大多数情况下，母猪会重新接受仔猪的。但是，在母猪苏醒的时候，为确保母猪能接受仔猪，进行适当的监督是必要的。

为了检查母猪是否已恢复母性本能（母婴关系重新建立且母猪会保持安静），将仔猪放到母猪乳头旁，以使仔猪开始吮吸初乳，并观察母猪对仔猪的反应。

这种攻击性行为在有分隔板的产房中更加明显，在这种产房里，母猪和仔猪可以看到其他的母猪。

如前所述，在大多数情况下，这种行为是由于噪声或其他应激因素（陌生的猪场人员、清洗机的运转等）使母猪烦躁不安才出现的，尤其是初产母猪。

5.5 诱导分娩

确切的配种日期对于产房母猪的合理管理是一个非常重要的信息，并有利于采用诱导分娩技术的猪场决定最佳的诱导分娩时间。

了解一个猪场的平均妊娠天数也是非常重要的，这一数据和每个猪场的配种模式高度相关，不同猪场的平均妊娠天数为114 ~ 116d。

应当记住，高产母猪的妊娠期更长，接近116d。特殊的是伊比利亚猪种，产仔性能低，妊娠期较短，仅为112 ~ 113d。

除了预产期以外，还可以控制分娩的时间段，使其在我们期望的时间段分娩。通过这种方式可以控制分娩发生在工作日，避免在周末分娩。

前列腺素的应用

前列腺素促进黄体溶解，导致血液中黄体酮水平急剧下降，松弛激素水平增加，从而启动分娩。

可肌内注射1mL人工合成的前列腺素（$PGF_{2\alpha}$）进行诱导分娩。

在诱导分娩时，第1头仔猪和第2头仔猪的出生时间间隔较长，这是由于子宫收缩的频率增加，而其收缩的强度降低所造成的。

如前所述，妊娠期平均为114 ~ 116d，生产实践中推荐的做法是在每个猪场的平均妊娠期结束前1d注射前列腺素，也就是说，从第1次输精的日期算起，在妊娠第113 ~ 115天注射。

建议在平均妊娠期结束的前1d注射前列腺素。

前列腺素只能给乳房发育良好、阴户红肿的母猪使用，以免过早进行引产，特别是妊娠期较长的母猪。通常，工作日一上班就开始注射前列腺素，以便在注射后24～32h分娩。如果母猪在注射后24h内启动分娩，意味着这正是母猪正常分娩的时间点，母猪已自然启动分娩机制。

不建议对头胎母猪进行诱导分娩，并且应该记住，这些后备母猪的妊娠期通常会多1d。

在许多猪场，只对妊娠115d以上还未启动分娩的母猪实施诱导分娩。不仅规避了母猪分娩的问题，而且也避免了产房管理上的延误。

没有人监护时，不应该对母猪进行诱导分娩。

计划性分娩

对于那些出生时仔猪死亡率非常高，需要对分娩过程进行特殊监护的猪场来说，计划性分娩是非常有用的。可以通过注射前列腺素控制猪分娩的时间，使分娩在有称职的员工在场时才发生。

另外，有些猪场分娩时的死亡率和新生仔猪死亡率都很低。只有在有称职的员工每天24h监护分娩时开展诱导分娩，才会取得良好的效果。因此，要计划好分娩的时间，使每个批次的分娩集中在2～3d内完成。

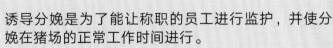

诱导分娩是为了能让称职的员工进行监护，并使分娩在猪场的正常工作时间进行。

诱导分娩的策略取决于每个猪场的成绩、规模和作息时间。然而，必须了解猪场的平均妊娠期，这样就不会过早地引产，因为早产仔猪的成活率较低。

已有研究表明，通过人工诱导分娩使妊娠期缩短了1～2d，能使仔猪的初生重减少多达180g。

在注射前列腺素时要特别小心。和人工引产一样，前列腺素会导致流产，故在注射时要特别的小心。

前列腺素是一种能够导致流产的激素，在使用时妇女必须戴乳胶手套，因为它可以通过皮肤吸收。因此，禁止孕妇接触前列腺素。

前列腺素F_{2a}是一种可以造成流产的激素。

妇女在给母猪注射前列腺素时一定要特别小心。

· 注射时应该戴乳胶手套。
· 如果她们认为自己可能怀孕了，应该避免任何形式的接触前列腺素。

5.6 分娩监护

分娩监护包括对分娩过程进行系统化，并通过表格记录对其进行管理，每间隔一定的时间（最长30min）都要在此表格上面记录下发生的每一事件（表5.1）。

表5.1　分娩监护的记录

分娩过程	时间	仔猪数量	记录的建议
分娩前期(最长2.5h)，大约每隔45min检查一次	7:30	1	第1头和第2头仔猪出生间隔超过1h正常分娩，无助产
	8:35	2	
	9:15	4	记录下出生仔猪的总数量，无助产
分娩中期（分娩后2.5h开始），大约每隔30min检查一次	10:00	5 助产	间隔45min后没有仔猪产出：进行助产，掏出1头活仔。记录下"助产"字样
	10:30	5助产0头，催产素	间隔30min后没有仔猪产出：进行助产，无仔猪掏出。记下"助产0头"注射催产素
	11:00	7	30min后，出生2头活仔，记下总产仔数7头

（续）

分娩过程	时间	仔猪数量	记录的建议
分娩后期，出生1头死胎，每隔不到30min检查一次	11:05	9＋1死胎	5min以后，产出1死胎：进行助产，掏出2头活仔。记录下助产，总的产活仔数和死胎数
	11:05	11＋1死胎，助产	
	11:30	12＋1死胎	25min以后，又生出1头活仔，记录总仔数12＋1死胎
	11:40	14＋1死胎，胎盘排出	20min后，又生出2头活仔记录为总仔数14＋1死胎看到明确的"分娩结束"的信号，记录为"分娩结束"
分娩结束			

注：引自Casanovas C. Cuadernos del parto de ia cerda 1: Parto y preparto, 2008。

　　分娩监护是非常有用的（尤其是在产房实行轮班制的大型猪场），因为对于产房接班的人员来讲，他/她可以通过阅读产仔记录充分知晓正在发生什么以及有什么任务还没完成。进一步讲，有人监护的分娩可以将助产做得更好，仔猪出生后能被擦干，且断奶前的死亡率可以控制在5%以内。

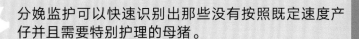

　　分娩监护可以快速识别出那些没有按照既定速度产仔并且需要特别护理的母猪。

　　在有人监护分娩的猪场，死胎的比例可以控制到很低的水平。笔者了解到1个有6 000头基础母猪的猪场其死胎率低于0.4%。

　　一些研究表明，分娩监护可以使死胎率最高下降30%。

5.7　非难产的分娩问题

　　这类可能发生的分娩问题的主要类型及其解决方案将在下文中进行简要介绍。应当记住，这类分娩问题是不需要人工助产的。

非难产的分娩问题：

· 分娩缓慢。

· 分娩母猪发生便秘。

· 分娩疲劳。

· 分娩时发生子宫强直性收缩。

· 分娩时发生应激。

对于非难产的分娩问题，不应进行任何形式的人工助产。

5.7.1 分娩缓慢

泛黄的仔猪表明该母猪分娩过程缓慢。这种颜色是仔猪娩出期间将粪便排泄到羊水中导致的。

分娩缓慢由多种原因引起，如母猪过肥、环境温度过高、不适合的母猪饲喂管理或低钙血症。

分娩速度越慢，仔猪缺氧的风险越高，仔猪出生时活力越弱。这会导致仔猪的初乳摄入不足，从而降低仔猪的成活率。

5.7.2 分娩时发生便秘

如果母猪在分娩前几天饲喂不当，如饲喂营养浓度较高但纤维含量较低的日粮或者饮水不足，就可能造成母猪便秘。

在这些情况下，除了及时调整母猪的饲喂管理（喂食不当或缺水）外，还应给母猪喂食利胆剂，必要时应在其饲料中添加硫酸镁，剂量为每头每天75g。

5.7.3 分娩疲劳

分娩疲劳发生于母猪热性病、夏季环境高温或难产时。

这种高温也可能是由于产房仔猪的保温热源造成的。因此，不建议使用加热整个产房的加热器，也不建议使用给仔猪保温的丙烷加热系统，因为这两种加热方式会给母猪带来过多的热量。

大多数的时间，高温发生在夏季（热浪的原因），产房安装的降温系统不足以将环境温度降低到适宜水平。

这种情况下，母猪可能遭受热应激，甚至可能造成母猪死亡。

当母猪出现呼吸困难时，建议用水浇湿母猪的颈部或头部，同时为产房提供适宜的通风，以防止温度急剧上升。上述情况发生时，也建议使用一些解热药物。

分娩母猪的最适温度为16 ～ 20℃。

5.7.4 分娩时子宫强直性收缩

滥用、超剂量使用催产素可能会引起分娩过程中母猪子宫平滑肌强直收缩。强直性收缩出现在产道剧烈收缩时，会妨碍仔猪的正常娩出。

使用催产素时务必非常小心。

5.7.5 分娩时发生应激

当处在有应激因素（噪声、异常的情况等）的环境时，有些母猪，特别是初产母猪，会异常的兴奋，从而影响母猪的分娩速度，同时造成母猪过度的紧张。这种情况会最终导致母猪咬仔猪和无乳综合征的发病概率增加。

这类问题有时可能与分娩时过度疼痛有关，尤其是初产母猪。

在这种情况下，最好的治疗方法是消除应激性因素，并给母猪注射镇静剂。

5.7.6 母猪产道检查流程

只有当第1次宫缩和第1头仔猪娩出间隔过长或两头仔猪出生间隔过长时才需要专门从事产道检查和助产的员工协助分娩（图5.15）。在这种情况下，有必要检查产道以查明分娩延迟的原因。

仔猪长时间不能娩出时，需要进行产道检查，流程如下：

清洁和消毒手臂。

戴上涂有产科润滑剂的塑料手套，这将有助于检查，并且不会刺激母猪的生殖道黏膜。不建议使用普通的肥皂液作为润滑剂，因为它会刺激生殖道黏膜。

手伸入产道时手指并拢，随着子宫收缩的节奏，不要施加外力，穿过子宫颈到达子宫分叉处。

接触到仔猪时，必须确定其胎位是否正常。如果有需要，在掏出仔猪前要重新矫正仔猪的胎位。

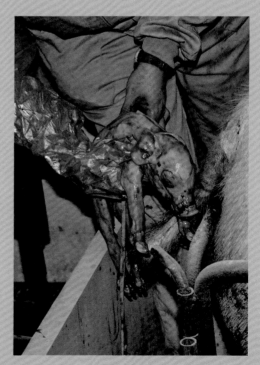

图5.15　盆腔检查和掏出仔猪过程

> 只有在必要时才能提供人工助产，因为它会扰乱产仔过程，并对母猪造成损害。

产道检查必须由合格的猪场人员进行。从事这项工作的人员应该有较小的手和胳膊，以便更容易地进行助产。此外，助产过程的持续时间不能过长，以避免损伤母猪。

如果产道检查时间较长、位置较深，建议注射抗生素预防感染。

在检查产道期间务必要小心，因为母猪可能会突然移动，从而伤到员工的手臂。在助产期间，作为安全预防措施，建议保持产床限位栏的门完全打开。

5.8 难产与基本的助产术

尽管根据每个猪场分娩监护的操作流程，人工助产的比例可能会高达30%，但下文提及的难产问题，通常发生率不到5%。

5.8.1 仔猪过大

初产母猪难产的主要原因是仔猪体型过大。在这种情况下，应使用助产钳或助产绳保定仔猪并将其掏出。

助产绳长约2m，要经过清洗、消毒和润滑才能使用。将其绑挂在中指上，穿过产道抵达仔猪的头部，然后将绳子绕过仔猪耳朵后面至下颚下面，仔猪就可以被快速地掏出来。

5.8.2 产道梗阻

其他造成难产的状况是由肠道充满了硬结的粪便或膀胱充满了尿液，从而增加了生殖道压力或子宫扭转引起的。在第一种情况下，充盈的肠道导致产道狭窄。因此，母猪在产仔当天不进食是很有必要的。如果难产是由充盈的膀胱造成的，必要时，可以插导尿管导尿。最后，如果难产是由子宫扭转造成的，建议将母猪驱赶站立起来并下产床行走一会儿，然后手动将子宫复原到正常位置。

5.8.3 子宫角扭转

当怀胎数较多，一个子宫角缠绕另一个子宫角时会发生子宫角扭转（图5.16），且仔猪无法向前移动。

母猪难产的原因及掏出仔猪的方法

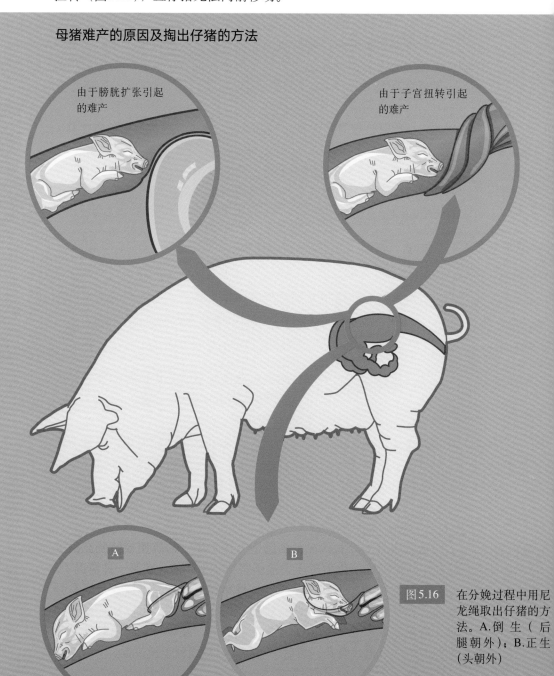

由于膀胱扩张引起的难产

由于子宫扭转引起的难产

A

B

图5.16 在分娩过程中用尼龙绳取出仔猪的方法。A.倒生（后腿朝外）；B.正生（头朝外）

为了解决这种状况，操作人员的一只手应该穿过已经变成椭圆形的子宫颈，且应该向下和向后运动。在此情况下，母猪应该站立，操作人员应将整个手臂伸入母猪产道内，以试图掏出3～4头仔猪，这样剩下的仔猪就可以在没有助产的情况下顺利娩出。如果这样仔猪还是不能顺利娩出，则应重复该上述过程。

5.8.4 母猪产道过窄

主要是初产母猪会发生这种状况，需要肌内注射子宫颈松弛素。

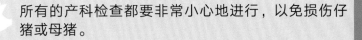

所有的产科检查都要非常小心地进行，以免损伤仔猪或母猪。

5.8.5 实施剖腹产术

剖腹产术在猪场是一种非常规的做法。剖腹产术应仅由兽医实施或在他们严格监督下进行。

这一过程被称为计划性子宫切除术，只有在具有高遗传性能猪的育种场培育无特定病原体（SPF）猪时或科研项目需要时才会这么做。

此疾病净化方案在过去被大量使用，但目前该方案已被具有较高成功率的、更具创新性的疾病净化体系所取代。

在某些极端复杂的分娩案例中，仔猪无法取出，先将母猪安乐死，然后再将仔猪从子宫剖出来。这称为紧急子宫切除术。

这两种方法（计划性和紧急子宫切除术）需要在一个专门的剖腹产房间里进行，并且要在完全无菌条件下。

一般来说，在计划性子宫切除术中，母猪实施安乐死，取出其整个子宫，并拿到一个放在封闭房间内的容器中，然后在那里将仔猪剖出来，带到SPF猪场，饲喂初乳，并由奶妈猪代养。

母猪安乐死后，仔猪在子宫内最长可以存活4min，因此，手术必须快速，以便取出所有的仔猪。

6 围产期主要疾病

6.1 引言

当前，养猪公司的健康策略着眼于控制或净化每个猪场内的疾病。处于良好健康状态的猪场（猪繁殖与呼吸综合征、支原体病、猪痢疾、传染性萎缩性鼻炎和疥螨感染等阴性）会产出生产成绩更佳、日增重更高、用药费用更少的仔猪。如果良好的健康状态可以保持尽可能长的时间，则净化疾病的投资很快就会得到回报，因为育肥阶段会取得很好的技术指标和经济效益。

健康目标

此阶段的目标是得到尽可能少带病且体重达标（1 400～1 500g）的仔猪，并且防止它们在围产期感染疾病。

接下来将详解母猪和仔猪在分娩前后的主要疾病。

6.2 母猪的主要疾病

6.2.1 产后无乳综合征

之前称为乳房炎-子宫炎-无乳综合征（MMA）。发生在母猪分娩后，表现为1个或多个乳房泌乳减少（缺乳）或不泌乳（无乳），并有不同程度的发热。这些症状经常伴有阴道分泌物，且母猪通常精神沉郁。这一疾病对仔猪有间接影响。因为仔猪无法摄入足够的母乳，其体况和成活率都会受到影响。

上述临床症状常出现于围产期过肥的母猪、经产母猪，在分娩前后过度饲喂或限饲，或饲料质量和数量剧烈变化之后。发病母猪的主要症状通常表现在乳房。发病母猪的乳房发炎、红肿。某些情况下，发炎的乳房部分或完全没有乳汁流出。

母猪发热，食欲减退。

这一综合征主要发生于卫生情况差的猪场，普遍伴有生殖道和尿道的感染。产程过长和助产过多会导致此病。

有时阴道流出物很快出现，可能不被注意到。在大多数严重病例，流出物从清亮液体变为脓性，呈絮状物的黄白色液体。

多数时候，临床症状出现较早。发病母猪所带的仔猪虚弱，平均日增重低，甚至可能死于缺少奶水。

对母猪的临床治疗包括：
· 每12h注射5～10IU土霉素，促进泌乳。
· 广谱抗生素，如β-内酰胺类或喹诺酮类。在大多数情况下，母猪需要每12h治疗1次。
· 用非甾体类抗炎药缓解临床症状。
· 应立即给仔猪灌服初乳或葡萄糖溶液以防饿死。

主要的预防措施是保持良好的环境卫生和饲喂管理。母猪产前不应饲喂太多，以防发生便秘，否则，会促进综合征的发生。虽然有几种细菌与此病有关，但主要是肠杆菌。在持续发病的猪场，强烈推荐要正确清洗、消毒产房，并有合适的干燥时间。另外的预防措施是用洗必泰等消毒剂在母猪进入产房前清洗、消毒母猪的乳房和外阴。

6.2.2 子宫炎

产房常见疾病。发病母猪主要在分娩后3～4d从阴道排出白色、黏稠的脓性分泌物（图6.1）。

图6.1 子宫炎的母猪流出白色黏稠分泌物

这种分泌物提示存在子宫炎。主要发生在产程过长、需要人工助产或存在并发感染的状况下。子宫炎可与乳房炎同时发生，引起食欲减退和发热。

良好的产房卫生可以减少此病的发生。需要与尿道问题（如猪场饮用硬水造成的膀胱炎）引起的白色分泌物加以区别。

治疗使用广谱抗生素（如喹诺酮或 β-内酰胺类）。

6.2.3 乳房炎

乳房炎是一个或多个乳房发生炎症。当发生在一个乳房时，经常是由于外伤，并常导致永久性失去功能。糟糕的管理或传染病常影响所有乳房。

乳房炎主要发生于分娩前后，12h 后变得明显，也有些病例出现在断奶后几天。为了防止其转为慢性并确保乳房组织不被纤维组织替代，抗生素治疗非常重要。

乳房炎分为两种类型：急性乳房炎和慢性乳房炎。

6.2.3.1 急性乳房炎

主要发生于哺乳期或断奶后。乳房体积变大和硬度增加（图6.2），触压时母猪疼痛。发生急性乳房炎的母猪通常保持躺卧。

由于感染，体温升高。严重感染时，产生毒素，母猪可能于24h后死亡。

图6.2　母猪单个乳房发生乳房炎

6.2.3.2 慢性乳房炎

经常由无明显临床症状的亚临床乳房炎所导致。这种情况下，乳房由于形成纤维组织而增大。有时脓肿可能形成溃疡。

主要使用抗生素治疗。如果乳房炎发生于哺乳期，应注射土霉素以促进排乳。该病的发生与糟糕的管理和卫生有关，需要纠正这些因素。

6.2.4 酮病

酮病是指血液酮体增加，表现为神经症状，主要是躺卧和无乳。产房发病母猪的临床症状与亚临床酮病相符合，如食欲缺乏和无乳。

妊娠后期的高能量需求（高产母猪的需求增加更剧烈），加之该阶段普遍的采食减少导致了负能量平衡。当饲料中的葡萄糖含量和母猪的糖原储备不足时，脂肪组织的分解就会被激活。脂肪细胞内储存的甘油三酯进入血液循环成为游离脂肪酸和甘油。游离脂肪酸在肝脏中经过氧化产生能量。当超过了肝脏的氧化能力时，过多的酮体（酮病）和甘油三酯就会在肝脏堆积（脂肪变性或脂肪肝）。与人体中发生的反应一样，妊娠后期胎盘激素的产生和增加的葡萄糖需求会产生致糖尿病效应，导致脂肪分解和肝脏内产生酮体。因此，经常会发现妊娠母猪的酮体水平高于正常值。由于缺乏葡萄糖，产生的酮体被用作短期的能量来源。然而长期来说，如果葡萄糖缺乏时间太长，酮体累积于细胞外液，导致食欲减退和葡萄糖利用减少。母猪进入一个酮病逐渐恶化的循环；食欲减退可能伴发或轻或重的无乳，影响哺乳仔猪，导致更高的死亡率和残次率。酮病的另一个严重后果是对疾病更加易感，因为高氧化应激削弱了免疫系统。

预防措施包括防止妊娠母猪在分娩前过肥，否则，会有更严重的负能量平衡。另外，还需要：

- 加强该时期的饲喂管理，以利于增加采食和食物的肠道转运。
- 分娩前后提供非常易消化的饲料。
- 使用促进肝脏内脂肪氧化的产品，如左旋肉碱。

6.2.5 骨软化

骨软化是由钙、磷和维生素D缺乏引起的。这种缺乏可能是由于饲料配方不平衡，母猪消化吸收必需微量元素的能力不足或低采食量无法满足母猪的营养需求所造成的。

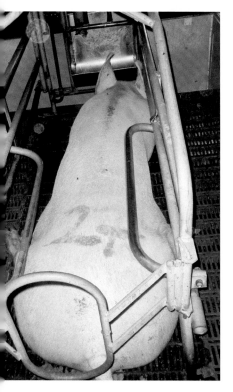

该病见于产房，尤其是头胎母猪分娩前后7d内。这是用于乳糖合成的钙、磷需求增加所造成的。这些矿物质元素部分来源于骨骼，会导致骨密度降低，增加了跛行和骨折的风险。

存在此问题的猪场，除了检查和纠正饲料中钙、磷的不平衡和增加母猪采食量外，注射钙和维生素AD_3也是预防措施。

最严重的病例，母猪四腿张开，完全无法站立，需要实施安乐死（图6.3）。

图6.3　母猪后肢瘫痪

6.2.6 脱垂

接下来讲述母猪分娩前后几种最常见的脱垂。

6.2.6.1 膀胱脱垂

该病不常见，特征是由于膀胱括约肌缺乏肌肉张力造成部分膀胱脱出阴户。

治疗方案是将膀胱复位。虽然有可能恢复，仍建议将母猪送到屠宰场。

6.2.6.2 直肠脱垂

这是母猪相对常见的问题（图6.4）。虽然引起该问题的确切机制还不清楚，但已知的诱发性因素有：

· 发情，与高水平的雌激素有关。

· 便秘。

· 能够增加腹腔压力的所有机械性因素，如限位栏的坡度或因低温而扎堆等，都会加剧该病的发展。

图6.4　直肠脱垂的母猪

· 缺乏纤维的饲料或含有真菌毒素的饲料，以及能引起肠道内发酵产生大量气体的饲料成分。

6.2.6.3 子宫脱垂

子宫脱垂是指2个子宫角完全向外翻出（图6.5）。经常发生于分娩后数小时，是母猪努责时间过长，导致子宫收缩时伸出阴道外造成的。该病不常见，可见于产仔数多或出生窝重较大的高胎龄母猪，原因是子宫的支撑结构弱或子宫壁弛缓。

子宫脱垂难以治疗且需要非常复杂的手术。很多情况下，由于其复杂性，母猪最终死于严重的出血。因此，还是建议尽快实施安乐死。

图6.5　子宫脱垂的母猪

6.2.6.4 阴道和子宫颈脱垂

阴道脱垂常伴发严重的会阴部和阴户水肿（图6.6）。有时也可能并发直肠脱垂。

此病多发于分娩前和妊娠后期。更常见于产仔数多且体况好的高胎龄（5胎以上）母猪。多是由腹压增加和支撑子宫颈的内部肌肉松弛引起的。

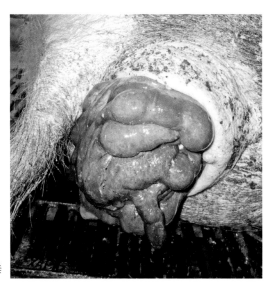

图6.6　阴道和子宫颈脱垂

可以尝试整复阴道和其他脱垂组织，以及在阴户周围进行缝合来治疗。

分娩时发生阴道和子宫颈脱垂的母猪与仔猪均预后不良，因为子宫颈不会完全张开。

6.2.7 母猪紧张、攻击仔猪和咬仔

此问题更多发生于初产母猪，可能导致同窝仔猪大量死亡。

这样的母猪进入产房后变得紧张、有攻击性，攻击其幼仔，甚至吃掉幼仔。

造成这一行为的确切原因未知，但可能的因素如下：

· 个性甚至是特定的遗传素质。建议在观察到这些行为后淘汰紧张的母猪，尤其是在执行选种的猪场。品种可能也是一个因素。
· 分娩应激、噪声或者引起母猪紧张的环境变化。
· 似乎不太可能由营养缺乏引起。

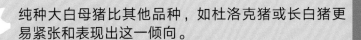

纯种大白母猪比其他品种，如杜洛克猪或长白猪更易紧张和表现出这一倾向。

因为难以确定哪些母猪会发生这样的行为，因此很难预防。然而，正确的照顾和监视母猪对于减少这一异常行为非常重要。观察母猪如何对待第1胎仔猪可以获得一些线索，确定其将来是否会发展成咬仔行为。如果咬仔，应注射镇静剂使其镇静，产房人员需等待分娩继续，并将仔猪移走。一旦分娩结束，将仔猪和母猪放在一起，这样仔猪就可以吃奶，产房人员应检查母猪是否接纳仔猪。

6.2.8 阴户血肿

这一过程发生于分娩后，是阴户组织受到拉伸、外伤和压迫，导致小血管破裂的结果。这一过程发生时，阴户组织变得易碎和易

腐烂，引起大量出血。这些血肿也可能是人工助产造成的，尤其是初产母猪。

对于严重的病例，因为大量出血和贫血，阴户血肿可能引起死亡。

6.2.9 肩部溃疡

这是肩胛骨突出部经常受到外伤造成的。在这些情况下，皮肤破开、腐烂，伤口在肩胛部位发展（图6.7）。这些溃疡与母猪过瘦，哺乳期饲喂很差以及不合适的设备有关。

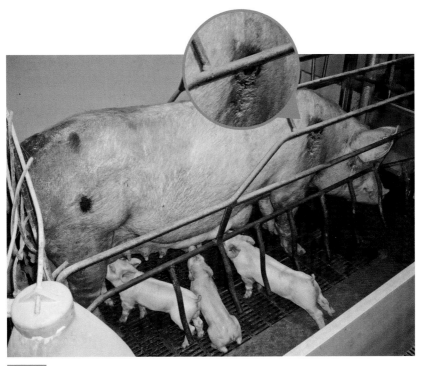

图6.7　母猪的肩胛部和髋部发生溃疡

在一些国家，这些溃疡意味着母猪缺乏动物福利。

可通过涂擦愈合药物进行治疗。优化现场管理，在伤口或溃疡处使用绷带以便在躺卧时保护母猪。

6.3 仔猪的主要疾病

可按照来源分为饲料源性、管理性、传染性或先天性疾病。

6.3.1 饲料源性疾病

当前，猪的营养需求已经广为人知，这种问题已经非常少见了。然而，妊娠期不正确的饲喂曲线可能导致母猪缺乏维生素、矿物质、能量和蛋白质，将影响仔猪的发育。

6.3.1.1 低血糖

在新生仔猪，因为能量平衡紊乱，低血糖和体温低同时出现。虽然此综合征由多种原因造成，但后期的临床表现是单一的，神经性症状比较突出（感觉和运动机能改变）。

这可能是由于能量或热量不平衡。新生仔猪对这种情况尤其敏感，因为它们新陈代谢和调节体温的能力尚未充分发育。除了缺乏体温调节，它们没有脂肪沉积用于氧化供能，全靠母乳满足能量需求。

造成能量获得减少的主要原因是：
· 无乳或少乳，产后无乳综合征或饲料摄入不足。
· 有效乳头数不足，窝产活仔数太多，先天性损伤。
· 当仔猪腹泻时，肠道吸收紊乱。

设施设计不合理和小环境管理问题（缺乏供热、有贼风、潮湿及分娩时缺乏监护）。

6.3.1.2 真菌毒素中毒

使用产毒素真菌污染的饲料会导致轻度或重度中毒。这是相对常见的疾病。

最广为人知的毒素是玉米赤霉烯酮，其类雌激素效应可导致雌性仔猪特征性的阴户红肿（图6.8），以及雄性仔猪尾巴坏死（图6.9）。

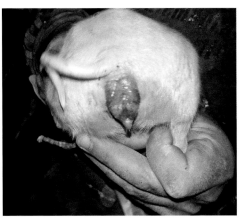

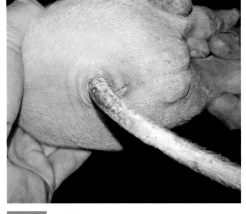

| 图6.8 | 雌性仔猪阴户红肿 | 图6.9 | 雄性仔猪尾巴坏死 |

预防这一问题的措施包括：良好的饲喂管理，避免饲料长时间储存或储存在不良环境中，可在饲料制造过程中加入抗真菌剂。

当发生率增加时，可以在饲料中添加真菌毒素吸附剂作为预防措施。

6.3.1.3 其他疾病

硒和维生素E缺乏是由于中毒、维生素缺乏、其他矿物质和微量元素缺乏所引起的疾病中最常见的。尽管如此，在现代母猪饲喂控制体系下，此病非常少见。

6.3.2 管理性疾病

6.3.2.1 脐出血/仔猪苍白综合征

出生时或出生后不久，发病仔猪变得非常苍白，通常死亡。这是分娩过程中仔猪还在母体内时，脐带受损或破裂导致缺氧造成的。产仔数多与胎龄高的母猪常见。

防治措施是出生后在距皮肤2cm处绑扎脐带。这一操作要使用丝线、细绳或特制的夹子以防出血。

如果仔猪非常虚弱，可能需要早期注射铁剂并补充维生素K。

6.3.2.2 低体温症

发病仔猪出生时体温低且虚弱。

仔猪因虚弱而不能吮吸和摄入初乳。它们的生命力更差。

发病仔猪通常躺卧，并有低体温和脱水症状（图6.10）。

必须立即治疗以帮助仔猪存活。可用导管饲喂新鲜挤出的初乳。另外，应在栏内放置显著的热源。对于严重病例，可以腹腔输入葡萄糖溶液。

如果猪场发病率增加且不是因为产仔数多，则需要检查母猪饲喂程序和产房的环境条件（仔猪的热源）。

图6.10　仔猪低体温症

6.3.3 传染性因素

6.3.3.1 腹泻

腹泻是产房的重要问题，是引起哺乳仔猪死亡的主要因素。

> 全世界50%～70%的新生仔猪死亡是由腹泻造成的。

分娩时，仔猪的肠道在微生物学意义上是无菌的，对病原体几乎没有抵抗力。出生后，微生物迅速在肠道定殖。如果仔猪初乳摄入不足，潜在的致病微生物就会在肠壁增殖并引起腹泻。

为了让仔猪获得足够的免疫力，除了摄入足够的初乳，还需要初乳中有高浓度的抗体，母猪还要有健康的乳房。

引起仔猪腹泻的原因多种多样，虽然最常见的是细菌、病毒和寄生虫感染。术语"猪腹泻综合征"正被越来越多地使用。

2013—2014年，新的猪流行性腹泻变异株出现在美洲和亚洲。哺乳仔猪的发病率和死亡率都非常高，发病猪大量死亡。

表6.1总结了新生仔猪腹泻的主要病原。

表6.1　围产期仔猪腹泻的主要病原

	0~3d	3~7d	7~14d	15~21d	发病率	死亡率	潜伏期
梭菌病	✓	✓	✓		中等	高	<1d
大肠杆菌病	✓	✓	✓		很高	中等	1~3d
流行性腹泻	✓	✓	✓	✓	很高	高	1~8d
蓝耳病	✓	✓	✓	✓	高	可变	1~2d
传染性胃肠炎	✓	✓	✓	✓	很高	高	1~4d

虽然许多病原体都可以引起腹泻，但至今为止，大肠杆菌仍是主要的病原。已知的血清型超过1 000种。大多数是不致病的，是肠道的常见菌群。引起腹泻的是能够黏附于肠上皮细胞并产生毒素的菌株。

肠毒素进入肠壁细胞，使分泌到肠管的液体增加，并阻碍这些细胞吸收电解质。肠道内的自然吸收反转，导致水与矿物质大量丢失，造成发病猪严重脱水，最终死亡（图6.11）。

产房仔猪大肠杆菌性腹泻一般发生在出生后前5d。通常全窝感染，仔猪出现严重的白色水样/油样腹泻（图6.12）。病猪腹部两侧凹陷、虚弱、精神沉郁（图6.13）。大部分死于脱水。

有效治疗方案是通过药敏试验选出针对场内大肠杆菌菌株的特定敏感抗生素，通过口服或肠道外给药。建议给发病仔猪补液，但最重要的是预防，可在妊娠期用合适的疫苗或用场内致病菌株进行返饲来免疫母猪，尤其是初产母猪。通过这种方法，母猪可以产生保护性抗体并传给仔猪。

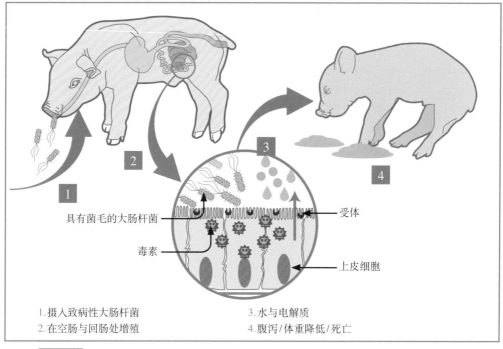

1. 具有菌毛的大肠杆菌

受体

毒素

上皮细胞

1. 摄入致病性大肠杆菌　　　3. 水与电解质
2. 在空肠与回肠处增殖　　　4. 腹泻/体重降低/死亡

图6.11　产肠毒素大肠杆菌的作用机理（引自Fairbrother J.M. *Escherichia coli en ganado porcino*. Grupo Asís Biomedia S.L., 2009）

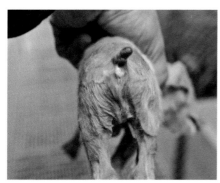

图6.12　出生几天仔猪的大肠杆菌性腹泻

图6.13　大肠杆菌性腹泻造成的脱水仔猪

什么是返饲？

返饲是指用未经药物治疗的仔猪粪便饲喂易感动物（主要是未配种的后备母猪和初产母猪）以诱发疾病。

最常用的方法是用拖布和未处理过的水（或氯、过氧化物已经挥发的）收集产房腹泻粪便。然后将其稀释饲喂妊娠第80～90天的母猪，以确保仔猪出生就获得针对大肠杆菌的免疫力。在有顽固性产房腹泻的猪场已经取得了很好的效果，但返饲存在一些风险，充分了解猪场的病原体情况十分必要。

返饲是十分常见和便宜的方法，但必须正确执行，必须知道有些情况是不建议返饲的。

引起产房腹泻的疾病和Gadd J.(2006)建议的操作如下：
· 传染性胃肠炎。
· 新生仔猪腹泻。
· 一些顽固性肠道感染。
· 初产母猪所产仔猪腹泻。
· 病毒性腹泻，猪流行性腹泻是其中一种。

除了传染病和寄生虫病可引起仔猪腹泻，一系列环境因素也会加剧疾病的发生和发展。
· 母猪无乳和少乳，即仔猪出生后几天没有或摄入很少的初乳。
· 母猪健康状况差。有肠道、呼吸道疾病、跛行或乳房炎的母猪，其仔猪也偏向于发生腹泻。
· 环境温度低。许多腹泻病例是由于尝试减少能源开支造成的。必须知道仔猪出生后前几天需要的局部温度是32～35℃。
· 环境潮湿和不当的排水系统。
· 贼风。
· 产床卫生不佳。
· 饮水质量差（微生物学的）。
· 饲料被细菌污染。

总之，如果环境好，则腹泻的发病率和严重性就较低。

梭菌病是另一个常见的传染病。主要是由C型产气荚膜梭菌造成的，并偶见出血性腹泻。

过去几年中，艰难梭菌（*Clostridium difficile*）发病率增加，并且死亡率更高。

猪流行性腹泻和传染性胃肠炎是造成新生仔猪高死亡率的病毒性疾病。对于这些病例，重要的是采取合适的生物安全措施，并确保在出现第1个病例的时候尽快进行免疫。

6.3.4 先天性畸形

在目前的养猪生产体系中，许多母猪使用同1头公猪的精液配种，这可能造成系统性的遗传变异。为了解决这一问题，推荐最多的选择是记录提供精液的公猪，这样114d以后就可以迅速发现问题。

> 对于先天性畸形，有必要检查所用精液的来源。如果是公猪的原因，该公猪就要送到屠宰场。

大多数仔猪出生时被观察和记录的畸形都是外表可见的畸形（图6.14）。然而，有些先天性畸形也可能引起内脏病变。这些只能在解剖时发现。有记录的仔猪先天性畸形超过150种，其中最重要的如表6.2所示。

图6.14 仔猪先天性畸形

表6.2 主要先天性畸形的病因

	出生比例（%）	病因				发病动物死亡率（%）
		遗传	饲料中毒	管理	传染病	
母猪生殖道异常	1~2	+				0
八字腿综合征	0.5~1	+	?		?	50
心脏缺陷	0.4~0.5	+	?			80
腹股沟疝	0.4~1	+				10
脐疝	0.1~1	+		+		10
骨骼畸形（关节弯曲）	0.3	+	+			50
隐睾	0.2	+				0
先天性震颤	0.2	+			+	50
上皮发育不全	0.05	+				5
肛门闭锁*	<0.05	+				100
脑脊髓膜突出	<0.01	+				100
雌雄同体	<0.01	+				0

注：*在母猪更普遍。

6.3.4.1 腹股沟疝和脐疝

腹股沟疝和脐疝是最常见的先天性畸形，由于肌肉裂隙造成内脏凸出。有些情况下，和用特定的公猪配种有关。

腹股沟疝

腹股沟疝是部分肠管通过腹股沟管掉入腹腔外（图6.15和图6.16）。腹股沟疝不会引起任何问题，除非腹股沟疝很大或者发生在公猪需要阉割的猪场，可以通过简单的手术修复。

图6.15 仔猪腹股沟疝

图6.16 为图6.15腹股沟疝的细节（疝囊内含肠管）

脐疝

脐疝是由于部分肠管通过脐疝孔掉入皮下间隙形成的。

如果猪场脐疝发病率增加，需要检查仔猪管理操作。

· 分娩时过度使用前列腺素会引起仔猪脐带过度拉伸或出血。错误的接产技术也可能导致这一问题（接生时未结扎脐带）。

· 环境温度。低温使仔猪打堆在一起，造成腹压增大。

· 按照程序切断或结扎脐带。不结扎脐带或操作不当都会增加脐疝发生率。

6.3.4.2 上皮发育不全

仔猪体表某些区域天生没有皮肤（图6.17）。这在猪场并不常见，并且对于多数病例，如果面积较小可以自愈。如果上皮发育不全较大，仔猪需要实施安乐死。

6.3.4.3 八字腿综合征

出生时的八字腿是常见的临床症状，在不良的饲养条件下，可能导致仔猪高死亡率。

虽然有明显的遗传因素，一些品种，如长白和皮特兰发病率更高，其病因尚不明确。在有急性传染病，如蓝耳病暴发时，其发生率更高。此临床症状是由肌肉发育不够成熟，早产造成的，而且发病仔猪初生重较低。

图6.17　仔猪上皮发育不全

通常，一窝中发病的几个仔猪严重程度不一。

出生后，病猪的姿势是后肢向两边分开，如同坐姿。在最严重的病例，前肢也会分开（图6.18）。

由于运动能力有限，这些仔猪常饿死或被压死。尽管有临床症状，但如果这些仔猪能够设法吃到足够的乳汁，也可以自愈。

为了纠正这一缺陷，可以用绝缘胶带或橡皮圈将后肢绑在一起，以加速自愈（图6.19）。重要的是让这些仔猪吃到足够的初乳，使其足够强壮而存活下来。

如果猪场该病的发生率很高，有必要检查遗传来源，以便淘汰造成此遗传缺陷的公猪。

图6.18　仔猪八字腿综合征

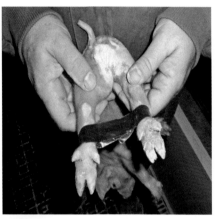

图6.19　用绝缘胶带纠正八字腿

6.3.4.4　先天性肌阵挛或先天性震颤

这是典型的中枢神经系统疾病，其病因是多种多样的。此遗传缺陷是因小脑畸形或髓磷脂缺乏造成的。

在同一窝可见不同程度的震颤。发病仔猪出现不同强度和速度的阵挛。病仔猪左右摇头或点头，背部颤动，也可见四肢收缩。大多数情况下，出生后即开始震颤，造成哺乳困难而饿死。尽管有震颤，但如果仔猪可能吮乳，这一症状可以在出生后2～3d内消失或减轻。

目前尚不清楚如何治疗。此疾病部分是由病毒感染造成的，最多在疾病暴发和猪群被动免疫后4个月消失。有时候，可以在猪群通过使用发病仔猪的脑组织作为病料返饲，迅速建立免疫之后，该病停止。

6.3.4.5 肛门闭锁

这类仔猪出生时没有肛门，它们的直肠末端是皮肤表面1个5～10mm的无开口的袋状物（图6.20）。这在猪场的发生率较低，但可能在初产母猪所生的仔猪更多一些。这是一个遗传问题。在有该问题的猪场，需要记录，以确保病因不是公猪。

除简单的手术之外，没有其他治疗方法。如果不进行手术，最后的结果就是死亡。

图6.20　仔猪肛门闭锁

6.3.4.6 脑积水

这是脑室中脑脊液的异常蓄积。

可能是遗传变异或发育异常的结果，也可能与引起脊柱裂或脑膨出的神经管缺陷有关，或者来源于早产并发症。这种畸形无法治疗，最终只能死亡。

6.3.4.7 脑脊髓膜突出

脑脊髓膜突出是由脑膜突出物穿过头盖骨或脊柱的骨缺损造成的。可能有先天性或后天性的因素。临床症状是充满脑脊液的包囊（图6.21）。该病是致命的。

图6.21　仔猪脑脊髓膜突出

6.3.4.8 关节弯曲

这是综合性的关节异常，包括不同程度的弯曲或伸展关节僵硬，影响后肢或脊柱，造成脊柱前弯、弓背或脊柱侧凸（图6.22）。形成的原因是肌源性的或神经源性的，并与脊柱发育异常有关。它的病因未知，但可能与维生素A缺乏以及遗传因素有关。

图6.22　仔猪关节弯曲

7 工作安排

7.1 引言

在现代养猪生产中，人员管理与遗传、健康及营养是养猪公司的基本支柱。

当前的养猪生产水平可以达到每头母猪每年提供仔猪30头以上，这就要求产房有高素质且训练有素的员工，以及一系列安排清晰且标准化的工作任务。员工是影响产房生产效率的主要因素之一（图7.1）。

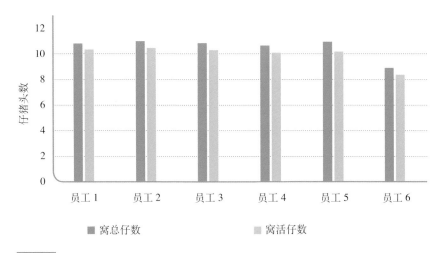

图7.1　同一猪场内不同员工对产仔数的影响（引自 Collell M., Gestión de recursos humanos, Suis, 2006, 25: 52）

一方面，猪场的设计要便于清洁；另一方面，清洁工作需要高度自动化。猪场人员因而可以专注于不同工作任务的管理：分娩、饲养管理、配种等。

在全世界的养猪公司都经常可以听过同样一句话："管猪易，管人难"，事实正是如此。

7.2 猪场的人员需求

谈到猪场的人员需求，对工作职责及所需要的特定培训进行良好分析至关重要。因此，需要明确场内人员的素质和数量要求。

· 素质要求：每个岗位需要的技能和培训。
· 数量要求：需要的人员数量。

7.2.1 素质要求

理想的产房工作人员应该是：

· 系统细致：在母猪场，分娩相关的任务管理应该高度标准化、系统化。

· 管理有序：产房负责人应当使用系统来控制分娩情况（监测），并正确记录分娩相关数据。

· 细心耐心：负责照顾新生仔猪并照料痛苦而紧张的分娩母猪的员工应该非常细心，并足够耐心来照料这种类型的猪。

· 卫生清洁：分娩阶段的清洁和卫生程度必须尽可能高。

· 主动积极：即使一切都高度系统化，总会出现有问题的分娩情况，这些情况下需要作出决定以解决可能出现的任何问题，并需要知道问题解决的优先顺序。

· 教育水平：应该知道如何使用计算机工具、个人数字助理（掌上电脑）或技术管理软件等。

在许多猪场，越来越多从事这类工作的人员是女性，而她们满足上述所有要求。

7.2.2 数量要求

在农业或畜牧业公司，有一个概念可以用于衡量人员需求。这是人力单位（man-work unit，MWU），其定义为在1年时间内由1名全职员工所能完成的猪场工作总量。

对人力单位进行定义后，需要创建产房的任务和所需要执行的工作（每日任务、每周任务及每月任务等）。

同时，需要明确执行每项任务所需要的时间。这将取决于猪场的机械化和自动化操作程度。猪场的自动化（自动喂料、清洗等）程度越低，完成这些任务所需的时间越长（图7.2和图7.3）。

图7.2　手工喂料的产房

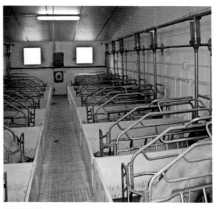

图7.3　自动喂料的产房

> 在欧洲，一般经验是，对于第1阶段的母猪场，每250头母猪需要1个人力单位。

在欧洲，对于第1阶段的母猪场（生产断奶仔猪），每250头母猪约需要1个人力单位。每个人力单位每年总计需要2 080h（每周40h×52周），考虑节假日和轮值。

在劳动力成本更低且猪场自动化水平更低的其他国家，每头母猪所需要的人力单位可能会显著增加。

显然，猪场的人员需求还取决于猪场的规模，特别是在产房。在特别常见的情况下，母猪场可以划分为：

a. 家庭农场。在一般情况下，这些都是中小型猪场（500~700头母猪）。员工通常是家庭成员（猪场老板及其家庭成员），虽然偶然会雇佣其他员工。这些人员必须非常全能，因为猪场经常需要分配各种类型的任务（配种、分娩、清洗、除粪等）。对应每周不同的任务，他们通常需互相帮助，如断奶、装猪等。

b. 工业化猪场。更大规模的猪场会雇用劳动力和高水平的专业人员，包括全场经理或主管、产房主管以及妊娠舍主管（图7.4）。根据关注的任务和时间，产房主管和妊娠舍主管有着详细分工的下属。建议偶尔轮换工作以维持工作激情，并防止人员因为一些不断重复的工作而失去斗志。

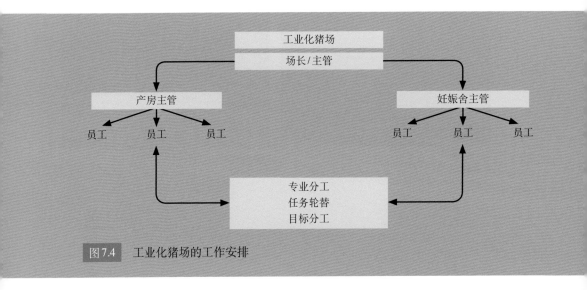

图7.4 工业化猪场的工作安排

7.3 劳动力成本和生产效率

如果分析断奶仔猪的生产成本，将总成本分解成不同的组成部分，劳动力的重要性排在第2，仅次于饲料成本（图7.5）。

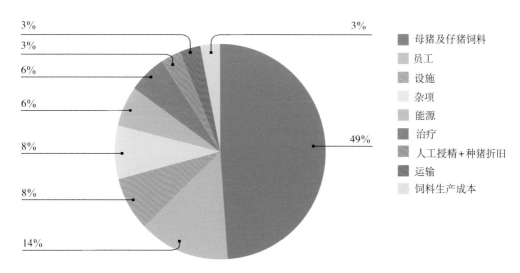

3%
3%
3%
6%
6%
8%
8%
14%
3%
49%

■ 母猪及仔猪饲料
■ 员工
■ 设施
■ 杂项
■ 能源
■ 治疗
■ 人工授精＋种猪折旧
■ 运输
■ 饲料生产成本

图7.5　西班牙一体化猪场体系中断奶仔猪生产成本的构成（2012年）

饲料成本占比很高，约为总成本的50%（每年会因原料价格波动而变化）。按重要性顺序，劳动力成本紧随其后，这通常占总额的14%。毫无疑问，这是重要的一部分成本，虽然许多猪场仅有很少员工在产房工作，尤其是使用了高产种猪的情况下。因此，使用合理数量的高素质、训练有素、积极、高效、富有成效的员工非常重要。

通常情况下，使用每头母猪每年断奶仔猪数来衡量种母猪场的生产效率。可以使用人力和几个比率来评估生产效率的概念：
·每个人力单位每年生产的仔猪数。
·每个工作时生产的仔猪数。

从表7.1中可以看到，猪场的生产效率（每头母猪每年提供断奶仔猪数）会明显影响劳动力成本。每个工作时提供的断奶仔猪越多，生产每头断奶仔猪所需要的人力成本越低。

表7.1　一个有1 000头母猪及4个人力单位的猪场不同母猪生产效率与人员生产效率的关系

猪场规模：1 000头母猪	生产效率		
	20头仔猪/（母猪·年）	25头仔猪/（母猪·年）	30头仔猪/（母猪·年）
年提供仔猪数	20 000	25 000	30 000
仔猪/（人力单位·年）	5 000	6 250	7 500
仔猪/工作时	2.4	3	3.61

7.4 工作安排

实现仔猪高效生产的第一步是猪场的组织有效，涉及特定的生产任务及公司管理。猪场老板必须逐步改变自己的思维方式，从传统的农民转变为小型企业的管理者。他们需要花费大部分时间进行经营管理，并加强重视人事管理。

虽然每个养猪公司都会根据自身的特点（规模、设施、遗传、健康、生产类型等）进行组织，仍有一些基本的指导原则可以适用于每个猪场。

7.4.1 工作清单

一旦猪场的工作内容得到确认，特别是产房，必须记住一些工作需要每天进行，而另一些工作则是定期执行。后者将取决于猪场所实施的批次分娩体系（周批次、2周批次或3周批次…）：

· 定期工作：这些工作的执行频率取决于猪场所实施的批次分娩体系。

· 每日工作。

表7.2根据相应的频率给出猪场所需要执行的不同工作。

表7.2 产房的定期工作及每日工作清单

定期工作	每日工作
产房的清洗消毒	喂料（每日多餐）
产房的环境控制	母猪及仔猪的状况巡查
母猪转入产房	清扫产床后部
母猪驱虫	清理过道
接产（多日）	数据记录
仔猪处理（标识及补铁等）	维护
寄养：奶妈猪	
免疫母猪（如细小病毒病疫苗免疫）	
免疫仔猪	
转出断奶仔猪	
料塔控制：饲料预定	
转出断奶母猪	

在发生分娩的几天时间，部分猪场员工应负责接产。这涉及一系列系统任务：

① 移除仔猪出生时的胎衣，胎衣有时会影响仔猪的正常呼吸。

② 复苏产程较长的仔猪以及半窒息的仔猪。

③ 擦干仔猪并放置到热源下，确保仔猪足够温暖。

④ 对弱仔猪提供特别照顾，将它们放到奶头附近，并确保摄取到足够的初乳（图7.6）。

⑤ 扎紧并消毒脐带。

⑥ 确保所有仔猪都能摄取足量的初乳。对产仔数多的仔猪采取分批哺乳。

⑦ 对仔猪有攻击行为的母猪进行治疗处理。

⑧ 对有需要的母猪以及2头仔猪产出间隔超过30min的母猪进行助产，帮助娩出仔猪。

⑨ 移除母猪后躯的粪便以及分娩残留物质。

⑩ 根据兽医开具的处方（血清和其他新生仔猪腹泻的药物）给予治疗以解决健康问题。对出现八字腿综合征的仔猪进行腿部包扎。

⑪ 确认母猪没有乳房炎的症状，并接受其仔猪。

⑫ 在表单上记录所有相关观察情况，母猪和仔猪都需要加以关注。

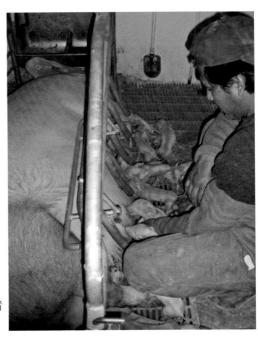

图7.6　产房护理：确保仔猪摄入初乳

由于许多母猪都在猪场正常工作时间之外分娩，产房的工作人员经常需要轮班工作（早班、中班、晚班），以确保所有分娩过程都有技术人员在场。

下面您可以看到猪场的排班示例（图7.7）。

十月轮班表

张三

			1	2	3	4	5
6	7	8	9	10	11	12
13	14	15	16	17	18	19
20	21	22	23	24	25	26
27	28	29	30	31		

李四

			1	2	3	4	5
6	7	8	9	10	11	12
13	14	15	16	17	18	19
20	21	22	23	24	25	26
27	28	29	30	31		

王五

			1	2	3	4	5
6	7	8	9	10	11	12
13	14	15	16	17	18	19
20	21	22	23	24	25	26
27	28	29	30	31		

假期 ■ 工作0.5d ■ 夜班

图7.7　猪场工作轮班日历示意

7.4.2 任务规划

在猪场所发生的事件中，90%都是可预测并重复的。通过提前规划，这些事情可以安排在1周的特定日期进行。这可以优化工作量，也可以避免任务重叠、计划不确定以及变更所导致的混乱和时间浪费。

必须根据每周的断奶日确定每周工作日历（表7.3）。然后必须为产房接产人员分配他们的职责以及1周7d的任务安排（图7.8和图7.9）。

在组织工作和分配任务及职责时，应始终牢记批次管理的类型。

表7.3 产房每周工作计划示例

星期一	星期二	星期三	星期四	星期五	星期六	星期日
饲喂（3次）	饲喂（3次）	饲喂（3次）	饲喂（3次）	饲喂（3次）	饲喂（3次）	饲喂（3次）
检查母猪	检查母猪	检查母猪	检查母猪	检查母猪	检查母猪	检查母猪
检查仔猪	检查仔猪	检查仔猪	检查仔猪	检查仔猪	检查仔猪	检查仔猪
检查产床后部	检查产床后部	检查产床后部	检查产床后部	检查产床后部	检查产床后部	检查产床后部
清洁过道	清洁过道	清洁过道	清洁过道	清洁过道	清洁过道	清洁过道
分娩监护	分娩监护	分娩监护	分娩监护	分娩监护	分娩监护	分娩监护
处理仔猪	处理仔猪	免疫母猪	断奶	清洗猪舍	清洗猪舍	
淘汰母猪	寄养管理	免疫仔猪	仔猪装运	寄养管理	母猪转入产房	

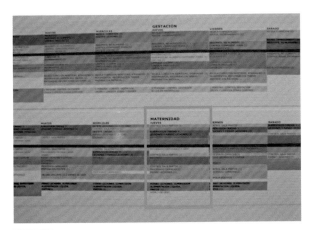

产房
星期四
产房监护 (2)
母猪、仔猪及仔猪饲料监护(2)
休息
仔猪处理 (2)
产房监护 (2)
数据记录 (1)
产房监护 (1)
仔猪处理 (2)
仔猪饲料 (1)
仔猪饲料、产房监护 (1)
妊娠舍辅助 (1)

图7.8　分娩舍和妊娠舍的任务被分配给不同的猪场员工，并在白板上详细说明

图7.9　本图为图7.8中所分配任务的详细信息（框图）。每种颜色对应一项任务，在该指定日期执行该任务所需的猪场员工数量在括号内表示

一旦确定所需要执行的任务和时间后，则编写猪场工作计划表（图7.10）。工作计划表是猪场员工每天执行的所有任务列表，并指定执行的时间。

工作计划表用于协调猪场组织结构图中的人员以及不同的任务。

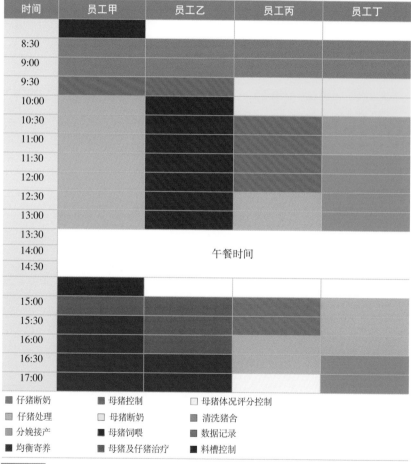

时间	员工甲	员工乙	员工丙	员工丁
8:30				
9:00				
9:30				
10:00				
10:30				
11:00				
11:30				
12:00				
12:30				
13:00				
13:30				
14:00	午餐时间			
14:30				
15:00				
15:30				
16:00				
16:30				
17:00				

- 仔猪断奶
- 母猪控制
- 母猪体况评分控制
- 仔猪处理
- 母猪断奶
- 清洗猪舍
- 分娩接产
- 母猪饲喂
- 数据记录
- 均衡寄养
- 母猪及仔猪治疗
- 料槽控制

图7.10　断奶日的产房工作计划表图例（引自 Collell M. Motivación y organización del trabajo. Suis, 2006, 27：72）

必须使用工作计划表来优化猪场的生产流程。

　　在2周批或更长周批分娩管理的猪场，工作安排与周批次管理的猪场不同。在第一种情况下，每周需要执行不同系列的任务。实际上，在3周批分娩体系的猪场中，分娩周的分娩数量将会是周批次分娩体系猪场的3倍。在这1周内，输精、断奶等其他任务不会与分娩同步进行。因此，大多数人员将能够专注于产房的管理，如接产、寄养等。

8 结论

　　作为对产房管理实践的总结，更具体地说是围产期管理的总结，应该强调以下结论：

　　·近几年来，母猪生产和繁殖性能，尤其是高产母猪的遗传改良已经成为养猪生产的真正变革。新型高产母猪的出现引起了饲养管理、饲喂管理、猪场设施、猪场管理以及人员管理方面的巨大变化。

　　·尽管过去几年这种改善很显著，但全球养猪业只有一小部分猪场受益于这些变化。

　　·并不是所有的猪场或者养猪生产人员都能够管理好新型高产母猪，这需要适当的设备、足够数量的产床、正确的产房管理及更为合理和精细的饲喂管理。

　　·高产母猪的繁殖力在未来会继续改善，因此，未来可能会有每头生产母猪每年生产断奶仔猪超过40头的猪场。

　　·尽管高产母猪的生理学特征未发生改变，但管理体型较瘦且高产的母猪，在饲养管理方面需要做出很大的改变，从而使这些母猪的遗传潜能和生产潜能得到完全释放。

　　·现代猪场产仔数的变异因素主要是由遗传因素造成的，但同时也需要考虑其他影响产仔数的主要因素，包括母猪的日龄与胎龄、季节性饲喂、应激管理、精液质量、健康状况、初配日龄、上一次哺乳期的长度及配种时机。

　　·管理高产母猪需要良好的组织和正确的猪场设计，尤其是产房。需要更多更宽的产床，从而能够获得断奶更多的仔猪、更长的断奶日龄、更高的断奶重，以及合理使用奶妈猪。

　　·产房母猪应占到全场基础母猪的24%，高产品系的则要占到

28%，从而保证产房能够正常进行寄养管理。

· 对于母猪和新生仔猪环境要求方面的新技术和新知识让养猪生产者能够最大化地利用全自动环境控制系统，进而实现更高的生产效率。

· 对于高产母猪，围产期的饲喂管理是很关键的。需要深入了解此阶段的饲喂需求，从而防止母猪在分娩过程中发生便秘，并且能够正确启动泌乳。

· 良好的初乳生成和让所有仔猪摄入充足的初乳对于仔猪的生存和生长是很有必要的，所有的仔猪在刚出生后的几个小时都要吃到充足的初乳。

· 现代母猪产仔数比以前高得多，然而，初生重也比以前低。仔猪需要最佳的圈舍环境和管理。

· 对于每种母猪都应制定相应的围产期饲喂曲线，需要考虑体况、品种、日龄、胎次，同时也要考虑饲料的能量水平和饲料配方。

· 如果猪场的饲养管理条件允许的话，建议为母猪的每个生产阶段定制不同的饲料，包括围产期饲料，围产期阶段尤其需要专门化的饲料。

· 一旦猪场设计和建设结束，需要制定最优的生产体系来最大化使用产房，因为产房是猪场中最贵的设施。对于超过 700～1 000 头母猪的猪场，建议进行单周批生产，对于小型和中型猪场建议进行多周批生产，如 2 周批、3 周批、4 周批或 5 周批。

· 产床，特别是产床限位栏，需要良好的设计以降低仔猪在围产期的死亡率，仔猪的早期死亡主要是由腹泻、压死和低温引起的。

· 母猪围产期需要保持安静，尽量减少噪声和巡栏等应激因素，以减少母猪围产期的紧张情绪与攻击性行为。

· 现代猪场的产房需要培训良好的工作人员，以确保分娩得到合适的照顾。监控分娩过程有助于降低死胎率，确保较弱的仔猪能够吃到初乳并正确哺乳。

· 拥有良好的从业人员，按照当前的标准和建议管理猪场，就可以生产出更多数量、更优成本的仔猪。这将使最好的养猪生产者留在一个成熟且竞争激烈的养猪市场中。

· 好的品种、饲喂、设施、设备和健康管理程序是必要的，但猪场人员是养猪成功的关键。团队中要有适当资格、训练有素、有动力的工作人员，才能达到现代养猪生产的新目标。

· 了解影响母猪和仔猪的最重要疾病，能够制定针对性的预防措施，从而降低疾病的发生率，使猪群能够充分发挥出基因潜能和生产潜能。

· 遵循生物安全规程，产房执行全进全出，能够降低感染风险，取得较好的猪群健康状态。

参考文献

图书在版编目（CIP）数据

猪场产房生产管理实践. I，分娩期管理 ／（西）埃
米利奥·马格隆·博特亚等著；曲向阳，张佳，蒋腾飞
主译.—北京：中国农业出版社，2022.6（2022.9重印）
（世界养猪业经典专著大系）
ISBN 978-7-109-26959-0

Ⅰ.①猪…　Ⅱ.①埃…②曲…③张…④蒋…　Ⅲ.
①养猪场-病房-管理 Ⅳ.①S828

中国版本图书馆CIP数据核字（2021）第171044号

Husbandry and management practices in farrowing units I farrowing
© 2014 Grupo Asís Biomedia S.L.
ISBN: 978-84-942775-0-4

This edition Husbandry and Management Practices in Farrowing Units I. FARROWING is
published by arrangement with GRUPO ASIS BIOMEDIA S.L.
All rights reserved. Any form of reproduction, distribution, publication or transformation of this book is only
permitted with the authorization of its copyright holders, apart from the exceptions allowed by law.

本书简体中文版由 GRUPO ASIS BIOMEDIA S.L.授权中国农业出版社独家出版发行。本书
内容的任何部分，事先未经出版者书面许可，不得以任何方式或手段复制或刊载。

合同登记号：图字01-2018-6644号

中国农业出版社出版
地址：北京市朝阳区麦子店街18号楼
邮编：100125
责任编辑：刘　伟　弓建芳
版式设计：王　晨　责任校对：吴丽婷　责任印制：王　宏
印刷：北京缤索印刷有限公司
版次：2022年6月第1版
印次：2022年9月北京第2次印刷
发行：新华书店北京发行所
开本：700mm×1000mm　1/16
印张：11　插页：2
字数：200千字
定价：128.00元